二十四・節氣色

立春・立春綠 日光青

雨水・雨水清 春生碧

驚蟄・驚蟄草 生命綠

春分・春分瓣 幸福粉

清明・清明飄 柳葉新青

穀雨・穀雨豆 愛笑墨綠

立夏・立夏得穗 天空很藍

小滿・小得盈滿 日黃熟

芒種・芒種端陽 快樂橘

夏至・夏至荷 仙女紅

小暑・小暑知了 童年綠

大暑・大暑熱 星光寶藍

立秋・立秋乞巧 靦腆桃

處暑・處暑虎 刀子紅

白露・白露月 桂香黃

秋分・秋分蟹 柿子紅

寒露・寒露涼 大地土黃

霜降・霜降微愁 芒白

立冬・立冬收 禾木深棕

小雪・小雪.感恩 微風紫

大雪・大雪飛 漫天灰

冬至・冬至節 團圓正紅

小寒・小寒臘八 雜灰雜紫

大寒・大寒冷 高粱辣金

目次

推薦序

風生水起 新東方創意生活美學的實踐家

陳甫彥
易遊網股份有限公司董事長
華山１９１４文化創意產業園區總顧問

風生水起，克萍帶著滿滿的心意上菜了。

當人們結束二十世紀末有關科技、網路、經濟等混亂紛呈的預言後，二十一世紀伊始迅即以生態省思、雲端分享、創意經濟、樂活生活等趨勢思考，試圖解決先前「未完」的亂局，而台灣也在此一世紀變遷的過程中逐漸調整眼光與腳步，回頭關照自己的環境生態、生活態度及永續價值。

１９８０年代台灣開放出國觀光，人們跨出腳步交流生活，眼界與行動力漸漸與全球接軌同步，熱愛攝影與旅行的我自２０００年起，於易遊網的職責中學習網路經濟與旅遊產業的工作。12年來，走遍世界，嘗試了異地的美食、休閒、藝文活動等，跟多數人一樣對外在的多元文化世界充滿好奇，法國的酒對照我們的茶、義大利的麵對照花東的米、西洋的醫療生技對照華人的氣血經絡、基督教世界的曆法對照中國的節氣，不論東方與西方，共通的基礎都來自於土地與人群，點點滴滴莫不是文化與生活的源頭。

１９９７年，英國提出創意經濟概念，２００８年，聯合國教科文組織的「創意經濟報告書」正式提出「世界正走向一個把文化與知識、經濟連結的世代」，「文創」這名詞由此開始被重視，並於二十一世紀第一個十年間風行全球。我亦自２００７年起投入台灣第一個文創旗艦園區—台北市「華山１９１４文化創意產業園區」的營運規劃，5年來無數的拜訪邀約、破百萬的人潮參與，我站在自己成長的土地上，才恍然領悟到文化創意產業來自於文化底蘊的養成，及透過創意的加值成型，而讓台灣「文創」大風揚起，不外乎是「風土人情」的萬千變化！

「風」談的是東方人所謂的風水，所有的發展契機多是從風生水起的角度展開。如何看「土」？現在有許多來自農業鄉間土地的名產、名物，土地是人類千百年來長期親近的原鄉，從土地長出來的東西皆是可貴的生命延續。而關於「人」的部分，大陸「新周刊」２０１２年７月當期封面故事以「台灣，最美的風景是人」，敘說台灣人文氣質的美，引起廣大迴響，台灣最有競爭力的也是「人」，包括人的努力、人的創新思維、人群的故事、人們的交逢。台南的茶箴「人情義理」，一針見血地點出台灣人的哲學，也就是林林總總的「風土人情」面向，這也是台灣文化創意產業的關鍵源頭。

從東方的節氣中找到生活的節奏，從土壤生長出的物產找回身體的能量，從設計的角度記錄台灣的色譜，克萍與種籽設計努力耕耘，展現了台灣一級產業結合文創論述的精彩成果。如果我們習於血液中東方的美學情調，並且期待創意為未來每一天增添美好，過去的經驗中讓我從旅行中學習、從文創中體悟，現在我從克萍的作品中看見台灣風土人情紮實的力量，我想我們描繪創意生活的願景也當是如此吧！

我由求學的過程、創業的摸索、旅遊的探索，最後站在自己的土地上播種。我走過好奇、迷惘、困惑，站在華山榕樹爺爺旁暮然回首，才發現身旁有諸多的克萍，一路走來的生命中不斷地播種、收割、呈現，都是在為台灣的職人及物產累積、歌頌，始終如一。

克萍與我們分享節氣就在你的呼吸中，跟著這份節奏，料理、烘焙、啖茶、煲湯，靠山吃山、靠海吃海，在台灣的生活可以如此的自在、輕鬆、怡然自得。羨慕之餘，我期待可以跟這些為土地付出的美麗心靈共創台灣文創的未來，他們才是台灣土地長出的力量，這也是在我如倦鳥歸巢後才領悟到的淡然卻滿足的滋味。

推薦這本書，不如是認識克萍這個人，以及這群人。

跟著節氣過日子 推薦序

【江文淵 半畝塘環境整合 創辦人】

小時候家裡後院有一畸菜圃

清晨天剛亮，就會陪爸媽一塊兒整理菜圃，澆水、抓蟲、摘當天要食用的菜

入秋了，清晨微涼

菜葉上的露珠，漸漸地從透明變成乳白色

母親就會告訴我：露先白而後寒

白露、寒露在我的印象裡，是真真實實秋天清晨手上沁涼的溫度

到了晚秋，鄉村的早上已經有了寒意

菜葉上染了一層白白的霜，會凍手的

媽媽說：是霜降到了，要入冬了

立冬當天，天氣微寒，媽媽會煲當歸雞湯，給家人進補

偶而也會一塊兒喝自家釀的黑豆酒來補冬

冬至是大家熟悉的團圓日，家人擠在一起搓湯圓

紅的、白的、鹹的、甜的

在熱氣蒸騰中，大夥兒一塊兒吃湯圓添歲

過了小寒、大寒，天氣一天比一天寒冷

就知道盼望許久的農曆春節就快要到了

立春、雨水，然後在驚蟄的春雷乍響中

又展開了一整年充滿土地感情的節氣時序

若干年後，我離了鄉，卻離不開土地

決定終其一生從事土地的工作，成為一個建築人

我和夥伴們在日復一日的實踐中，重新定義了我們想望中的建築

其中很多的感動，其實是來自於童年成長的土地以及時序的記憶

只是當時並不自覺

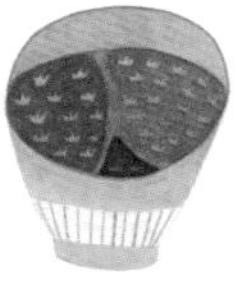

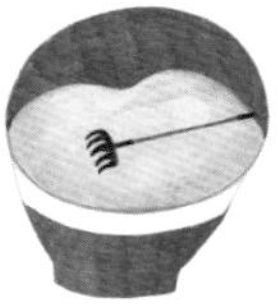
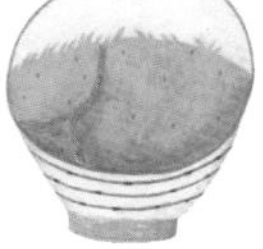

建築的路，隨著我們的成長
關注的面向也由單純的建築跨向了環境以及人文的關懷
路愈往前展開，生命卻同時往回追溯，一直到接成一個圓的環路
如同童年就深深生活其間的二十四個節氣，生生不息的循環

三年前，我邀了克萍協助公司把這些年來工作上以及學校的教學所思所想整理成冊
取名為「節氣建築」
訴說人和環境如何在節氣的時序中，重新友善地共生共榮
希望能在淡漠疏離、環境崩壞的資本主義慣行洪流中
找出一條能回歸生命本質以及環境倫理的建築開發可能的進路

在節氣的長河裡，克萍是咱們多年的同行者
在節氣時序裡頭，真實而美好地過著她們的小日子
行走於街市，不但沒有街市的煩躁急切
而且能深深刻刻地貼近土地，「跟著節氣過日子」
活出當世常民本該俱足的精采和豐足

很榮幸可以為克萍寫序，一塊兒跟著節氣過日子

在廚房裡演繹節氣味

以前，家裡的牆壁上，總掛著一本厚厚的日曆。不只是版面上最大字的幾月幾日星期幾，爺爺總會在撕著日曆時，更仔細地端詳版面一隅裡的春分、夏至、冬至；日曆一張張撕去，農村就是這樣過日子，來到某個節日，總會有些令人歡欣鼓舞的鬧熱，是人的團聚、是祭天地、謝鬼神等。而黃黃小小一本的農民曆，就更詳細、更難懂了，這就是節氣。

感覺有些古老、傳統，甚至鄙為老套，可是又對這種智慧崇佩不已，簡短兩個字，為十五個日子下註解，文字既精簡又有節有氣；有科學般的系統思考，又有文學裡的咬嚼，令人嘖嘖不已。雖然時至現代，日曆不再，變成月曆、年曆，日子改以年、月數算，甚至隱進手機、電腦裡了，現在的日子人們在乎的，恐怕只剩幾月幾日而已，其它的，好似都不再重要，不再美好了。

即使節氣生活一再被稀釋，其實它還是在常民生活裡根深而蒂固著，那就是節慶，也就是在節氣裡的慶儀。圍爐過年、元宵、清明、端午、中元、中秋、冬至，在這些日子裡，幾乎是全民運動，大夥兒應景做一些事、享用某些飲食，而因地有些許的微調、差異，但節氣生活裡的樂趣、精神，在節慶裡不言而喻。吃當地、吃當季、產地與餐桌、料理與美學，透過吃、透過料理，其實最能聯絡感情、表達這同中之異。

關於節氣，於是就用食材來說土地的故事、用餐桌來表達季節裡的氛圍、用視覺與味覺來聯絡彼此的感情，而艱澀難懂的，就留給學究，我們只把這歡愉帶出來，透過如此分享，讓感官打開去感受這樣日子的美好。

〔種籽的男人〕

怎麼說這書呢？它該歸在哪一類？是料理食譜、保健生活、創意美學、設計插畫嗎？這樣說好了，這毋寧是我們在廚房裡一次又一次的歡愉記錄，沒有ＳＯＰ，每個人都可以在當下的節氣裡，信手拈來一朵花，菜市場挑個食材、與農夫攀談一番，在味覺與視覺上進行組合創作，邀三五好友一起來，這會是在自己家裡、廚房裡、餐桌上最美好的印記。

孩子的味覺，大抵都是媽媽開發的

［種籽的女人］

老媽慧黠探究色香味的決心，可以在老爸每一年的生日，連擺三日壽宴，做絕功夫菜
老媽認真煮晚餐，細心觀察我們進食時的神情，那是每一天最重要的驗收成果
老媽可以一口氣包足幾百個餃子，數十掛肉粽，盛情裝填款待眾親朋好友不遺餘力

因此
老媽不會煮的不給吃的，此生便也情淡緣淺
更遺憾的是，老媽早早回了天家
那媽媽的味道，幽幽然成了綿長的相伴

直至自己中年，很幸運的，也成為一個媽咪
方才猛然驚覺自己這下鐵死定了
不諳廚藝、無暇料理的我
很久很久，很久很久的以後
是要讓兒子如何回憶我的味道呢？

我喜歡我的工作
更喜歡因為工作遭遇的視野、胸襟和傳統手藝
支持我們發現、創新、轉繹、傳播這些美好的台灣創業家故事

在台灣土生土長的我，愈來愈明白
大地的溫柔
其實是存著藏著，厚斂在最深的地方

我希望兒子喜歡這塊蘊養他所長大的土地
我希望兒子喜歡料理自己多滋多味的人生

每個人家裡冰箱的風景，其實可以看出他是個什麼樣的人
對於飲食
骨子裡其實是什麼態度
打開冰箱就知道

我們又怎麼捨得鎮日只忙碌著征服世界，卻無暇改善自己和家人的菜單呢？

節氣飲食的美好力量
不啻鼓舞著我們身邊的每一個小婦人回返料理檯
更讓我們，因愛料理

感謝每一個彎腰生活的農夫
我們喜歡帶兒子去菜市場或農夫市集
那裡有阿婆從自家園子裡採來的幾個瓜、三兩把菜
那裡攤架上擺的，很多都還沾著未乾的泥土
那裡有人會跟小孩攀談，問他幾歲、請他零嘴
那裡每個人都有勞動的光輝
於是我們挑選回來的食材
煮一頓午餐，有滿滿的滋味

好簡單的食材
就像你我的左右鄰舍
卻飽讀詩書

獻給喜歡跟孩子一起作菜的你

我們都應該好好善待自己的身體
我們更應該好好餵養自己的靈魂

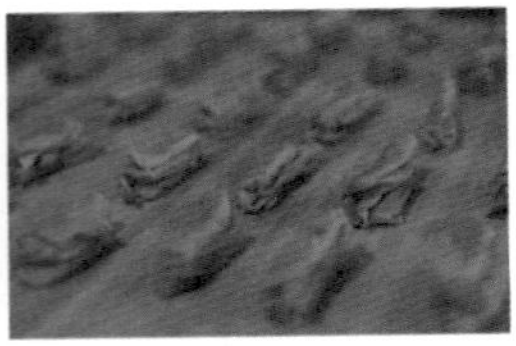

我們是種料

[種籽設計]

節氣料理團隊

食材研究・尋覓可敬農戶・漂亮採買・洗菜・
切菜・美術開發・文字・影像記錄・插畫・
一吃再吃・編輯・洗碗

Meiting Street
-lab-
SE
種籽節氣飲食廚
研究事務所
食飲開發

Zhong-qing Road
梅亭街

立春

〔今天〕

立春綠 日光青

立為始 春蠢動 一切正新

日子 開始微笑起來

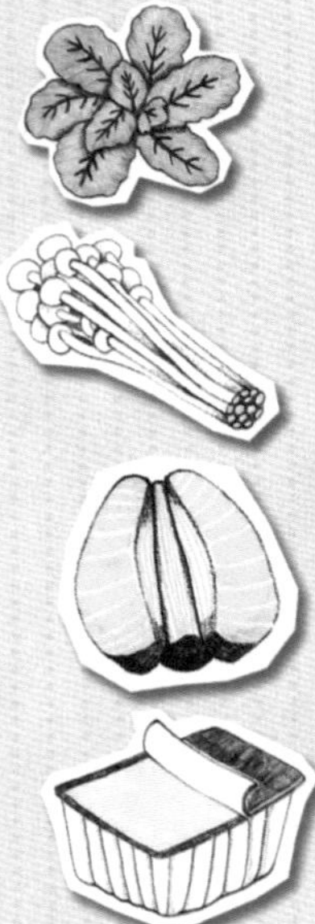

〔交節日〕 國曆2/3-5

春天即將開始
正月初一開新正
户户紅春聯，人人穿新衣
行個禮，拜大年
街頭巷尾
恭喜聲，爆竹聲
你家我家

靠山吃山

[三星蔥]

農諺－正月蔥

產季：全年皆產，12月至次年2月，氣候適宜，品質最好

產地：青蔥產地主要在宜蘭三星、壯圍、五結，新竹竹北、五峰，
台中大甲、大安，彰化，雲林。三星蔥當然是宜蘭三星所產之蔥

[山茼蒿]

又稱神仙菜 昭和草 飛機草　香氣比茼蒿更濃烈的野菜

產季：冬季獨有

產地：台北，新竹，苗栗，台中，南投，高雄，屏東，花蓮及台東等地

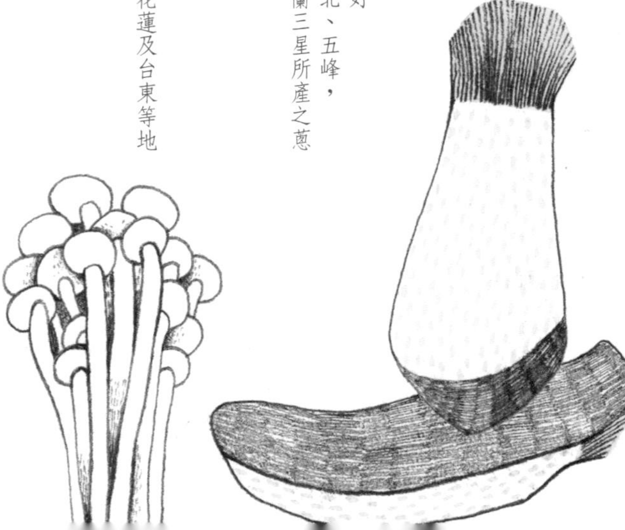

立春

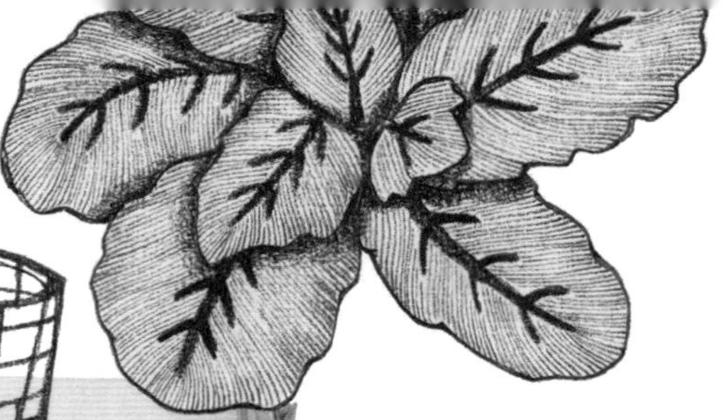

菜市場

{三星蔥}

有人稱林東海是三星蔥王，有人說他的蔥喝養樂多，從西餐廚師返鄉種蔥10餘年，以活菌保健根系，培育出不用藥的有機青蔥，也把三星蔥的招牌擦得更亮。

哪裡買 宜蘭三星／林東海

{山茼蒿}

農場已取得有機轉型期認證，農場主人從「吃的安全」一路追尋到有機栽培，堅持無農藥、無化肥方式種植果蔬，也種一些不需要太照顧，生命力旺盛的野菜。

哪裡買 高雄燕巢／心是一畝田農場

{杏鮑菇}

台中新社台地是菇類產地大本營，三瑞福農場位在新社大南村，立體栽培、低溫調控，很專業生產杏鮑菇。

哪裡買 台中新社／三瑞福農場

{柑橘}

彰化縣的大村鄉普遍栽種巨峰葡萄爲大宗，但劍門生態花果園則以芸香科柑橘類的作物獨樹一幟，專業栽培柑橘果樹已經第四代，不只是生產也提供觀光採果、生態教育，讓人一享田園樂。

哪裡買

彰化大村／劍門生態花果園

[杏鮑菇]

因為具有杏仁的香味及鮑魚般的口感而得名

產季：溫控栽培，全年皆產

產地：台中新社，南投，嘉義

[椪柑] 橘子

產季：9月至次年3月

產地：苗栗卓蘭，台中豐原，彰化員林

雲林古坑，嘉義梅山，台南東山

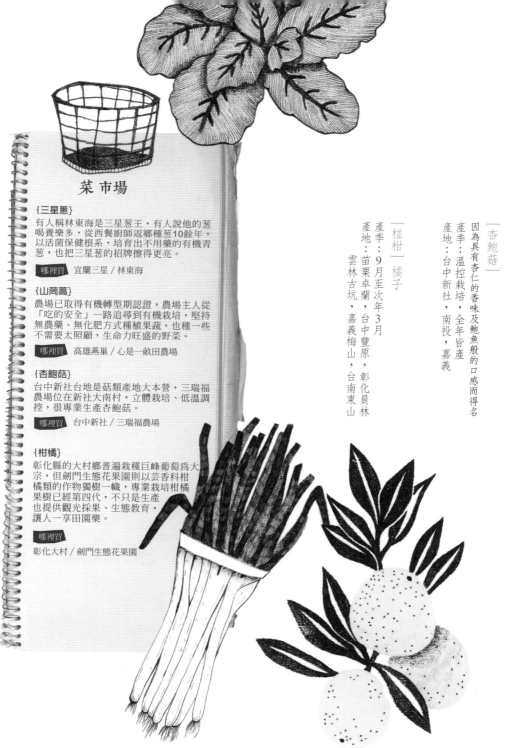

〔三菜一湯 過日子〕

立春

餐桌一定要美美的

取一個漂亮的玻璃杯，插上浪漫的粉桔梗和玫瑰花，一小杯的桌景，正好適合兩個人的甜蜜。

想一下喔！

因爲冬走了，
春天來了，愛苗悄悄滋長，
所以我們要爲這個浪漫節氣準備立春情人節特餐。
一樣選用盛產的，
宜蘭三星蔥煨煮北海小英雄豬指排，
新社杏鮑菇，與眾不同山茼蒿，
搭配情有獨鍾的大湖草莓甜湯，
讓浪漫的氛圍沉浸在最鮮甜的盛產裡。

那先來準備一下

草莓—依喜愛的量選擇（約幾10顆）
丁香—4粒
香草莢—1支
肉桂棒—1支
橘子皮—1顆刨絲
老薑—大拇指的量

［香草莢處理法］取1根剖開，裡頭的籽刮起來一起丟入鍋中喔。

愛有味道

冰糖—依喜愛的甜度選擇（約半包量）
胡椒粒—少許

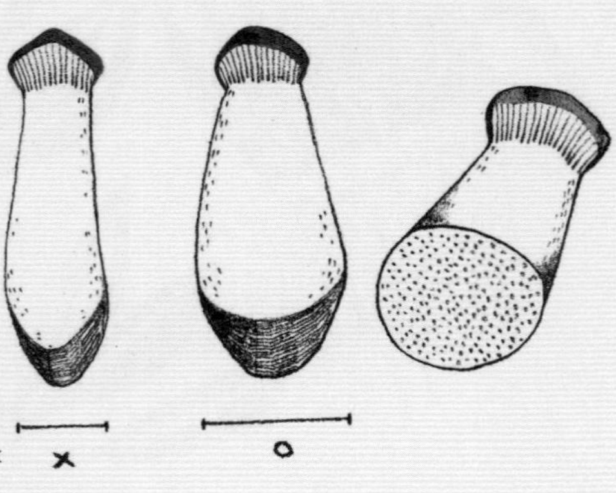

[杏鮑菇]可以這樣挑

菇柄呈乳白色最佳，通常菇柄越粗，口感越好。不能忽略的還要注意菇傘裡若是黑黑的，就表示杏鮑菇已熟，這時的杏鮑菇就不那麼美味了。

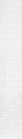

【紅吱吱】草莓甜湯

這是一道以愛調味的湯，酸和甜，
就像兩人的相處，小爭吵，小親密，小牽手，小擁抱
我們要將愛情的五味，統統放進甜湯裡調和。

開始囉！

1. 立春的時候若是請三五好友來家裡，取的水量約500CC。
2. 加入冰糖、丁香4粒、香草夾1支、肉桂棒1支、橘子皮1顆刨絲。
3. 老薑約是大拇指的量，灑一些胡椒粒煮滾，再以小火熬10～15分鐘。
4. 熄火放涼，吃的時候將草莓對切放入甜湯，加上薄荷、冰塊及橘子皮絲。

【不藏私】水蜜桃甜湯

將甜湯的料準備好後，再加入季節盛產的水蜜桃，也可以水蜜桃削好對切放下去煮，煮滾後，隔水降溫，然後放進罐中送進冰箱，喝時加些冰塊，就是最天然當季的水蜜桃甜湯了。

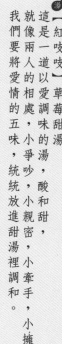

【北海小英雄排】蔥燒指排

我們要學北海小英雄般：大口吃肉大口喝酒，
熱鍋後放進兩塊夠份量的大指排，煎至恰恰，
加入蒜頭炒香，再放入整支三星蔥，如此肉汁會甜得不得了。
吃辣的可以放辣豆瓣，甜中帶辣就像小倆口的相處，
加入醬油煮一會兒，再放入花雕酒與冰糖，
蓋上蓋子讓它慢慢煨煮，最少1小時。

註 恰恰就是微焦！

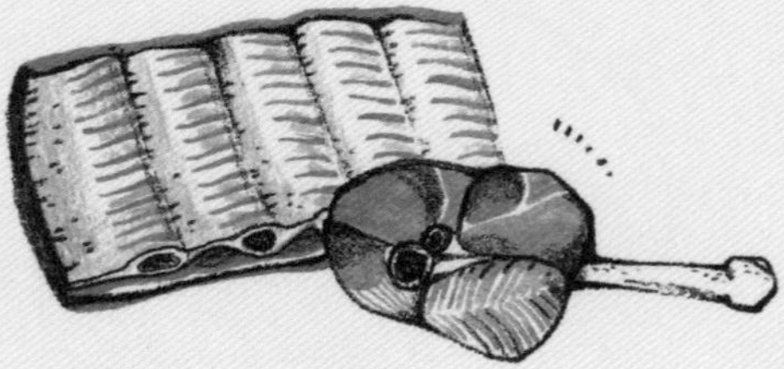

[大指排、小指排傻傻搞不清楚]

來到台中向上市場買指排，阿姨們指給我們看的都不是那種北海小英雄指排，而是小小根骨、小小的肉排，後來還是廚師出馬，才終於買回傳說中的「北海小英雄排」，原來它還有一稱呼，叫腱子肉啦！

菜【當我們同在一起】山茼蒿

「慢工細活版」

蛋1顆加約1～2碗水來做蒸蛋，蛋好後，像片豆花的方式片2～3片蒸蛋堆疊至盤中備用。煮一鍋水加入鹽和一點油，汆燙山茼蒿。將汆燙好的山茼蒿放至蒸蛋上，再燙金針菇，燙好後將金針菇切3小段，小段小段放在山茼蒿上，最後將薑以香油低溫炒香後淋在金針菇上。

「超豪華版」

在金針菇最上頭再放鮭魚卵，整個口感將以倍數提昇好幾倍喔！

「給吃素的朋友」

最上層可放炸紅蘿蔔絲或是豆皮。

「給孩子吃的」

可以放新鮮的玉米粒或是隨意灑上，多汁的口感，會讓孩子一點都不討厭蔬菜喔！

「簡單破表版」

選一個有深度的碗，買市面上的方形蛋豆腐當底，疊上汆燙好的山茼蒿，最後灑上晶瑩剔透的鮭魚卵。

厚！拿出去就是一道會被掌聲鼓勵的菜。

菜【抱一抱】烤杏鮑菇

1. 醬汁—將蒜和松子搗成泥與羅勒拌勻。
2. 取4條畫好刀的杏鮑菇，將醬汁抹在菇上。
3. 放入烤箱設定180度，10~15分鐘，烤至表層微焦，上頭全乾掉就是最好吃的時候了。

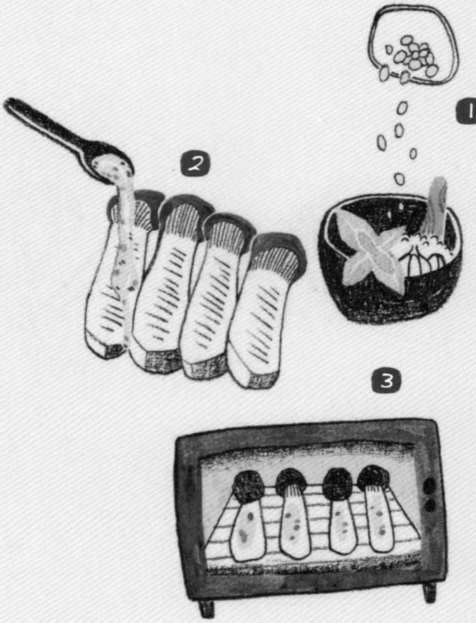

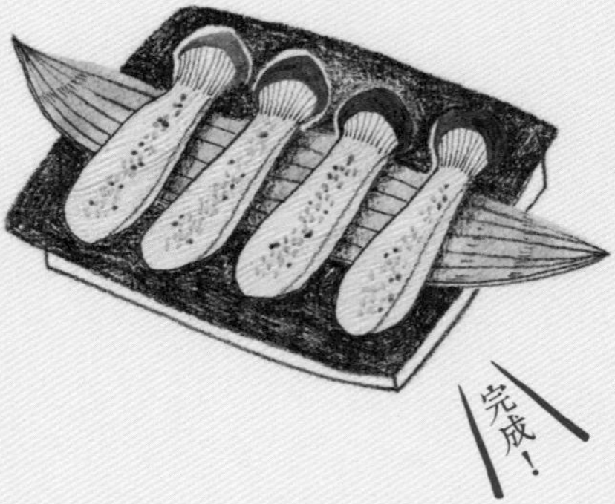

[杏鮑菇入味]小撇步

將杏鮑菇擦乾淨後，用小刀在菇柄上畫數刀，沾上醬汁，進入烤箱，醬汁就會順勢溜進縫中，迅速讓杏鮑菇入味。別小看這小動作，這可是讓杏鮑菇充滿香氣的妙招喔！

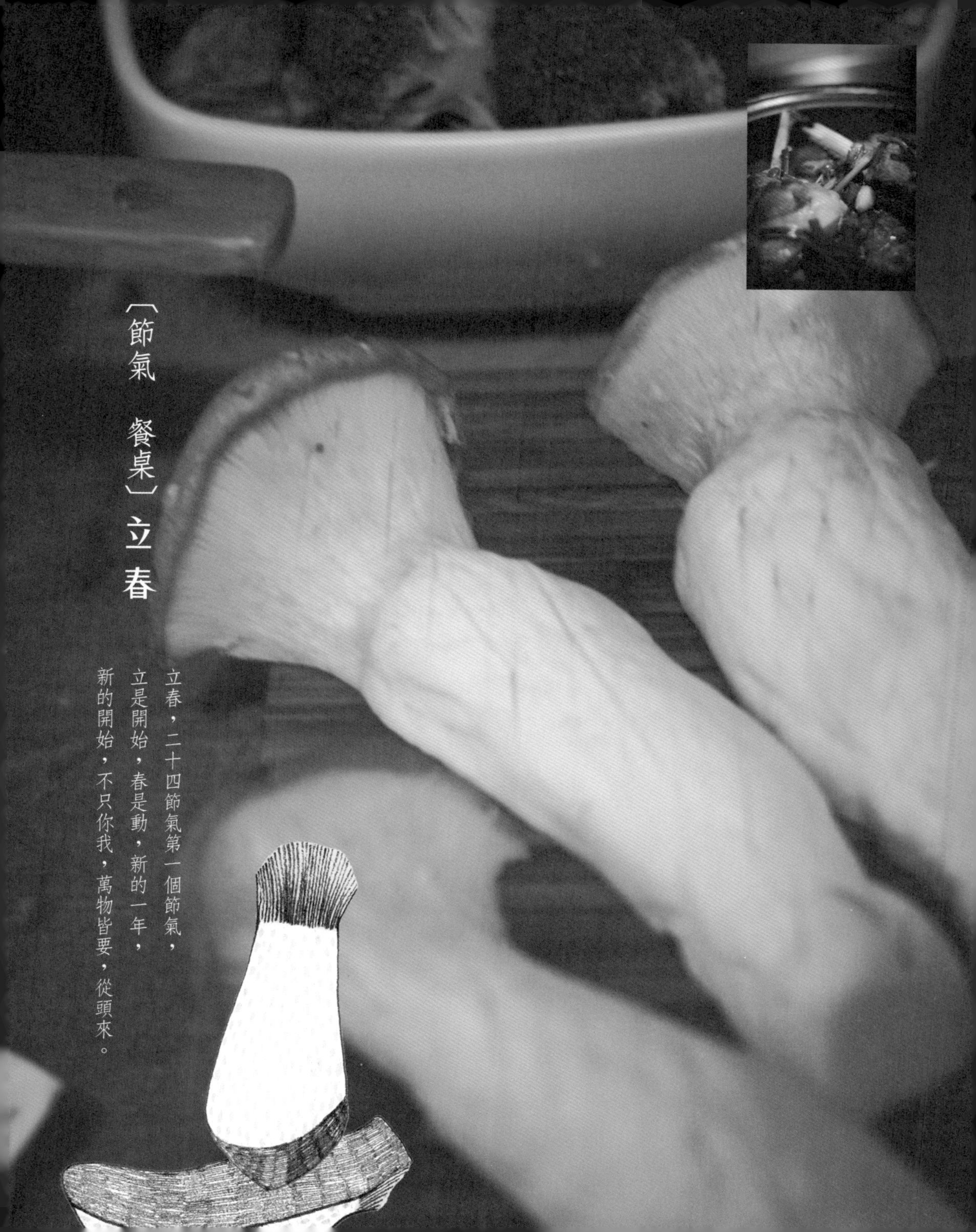

〔節氣 餐桌〕立春

立春，二十四節氣第一個節氣，
立是開始，春是動，新的一年，
新的開始，不只你我，萬物皆要，從頭來。

雨水

〔今天〕

雨水清 春生碧

天 用雨用水 擰出一地的喜悅

［交節日］ 國曆2/18-20

此時
農友在耕地忙碌
漁友也出海捕撈
但適逢元宵時節
還是會回來
和一家子吃元宵
熱熱鬧鬧
看花花綠綠
夜裡的煙火

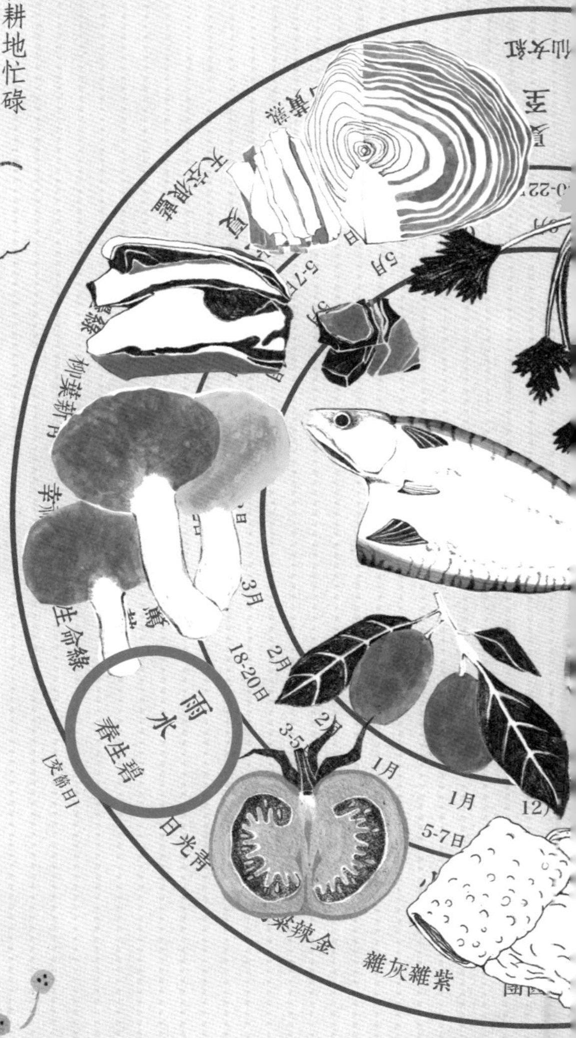

［高麗菜］

產季：全年

產地：冬季各地皆有產，以彰化、雲林為主；夏季以台中梨山為主要產區

［紅蘿蔔］

產季：12月至次年4月

產地：彰化，雲林，台南

［白蘿蔔］

產季：12月至次年4月

產地：新竹，南投，彰化，雲林，台南

［秀珍菇］

產季：全年

產地：苗栗苑裡，台中新社、大甲和霧峰，以及台南

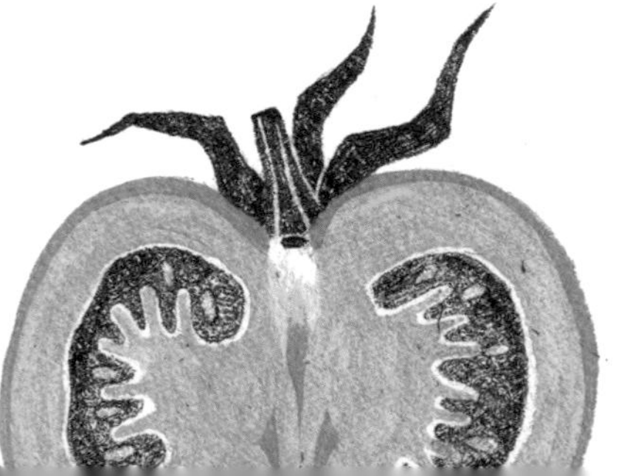

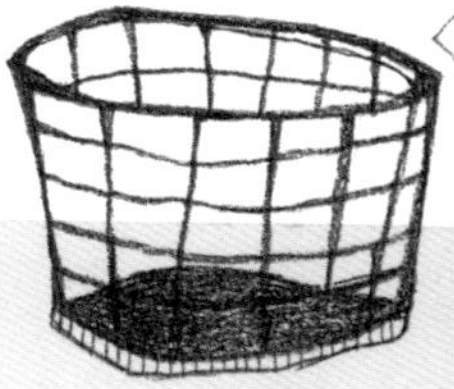

菜市場

{高麗菜}

南山村位在宜蘭縣大同鄉，毗鄰台中和平區的部落，海拔約1200公尺，夏季最高溫也不過25度，是高冷蔬菜的產區。可耕種的地幾乎都是高麗菜的天下，也讓南山部落與高麗菜齊名。

哪裡買　宜蘭大同 / 南山高麗菜

{紅蘿蔔}

這個東勢，指的可不是台中市的東勢區，而是雲林縣的東勢鄉。VDS活力東勢是雲林縣東勢果菜生產合作社所創立的品牌，結合雲林東勢與彰化二林紅蘿蔔生產共同運銷，還外銷日本，是有身分證的紅蘿蔔。

哪裡買　雲林東勢 / VDS活力東勢

{白蘿蔔}

我們在興大有機農夫市集上，買了茂盛有機農場的白蘿蔔，茂盛農場的產品少量而多樣，品質維持水準之上。有機農場裡總有些新鮮事，香蕉弓裡還藏鳥窩、水果留些不套袋分給小鳥吃 。

哪裡買　雲林莿桐 / 茂盛有機農場

{洋蔥}

洋蔥產在國境之南，落山風強勁的屏東枋山、車城一路到恆春。曾在楓港守海防，洋蔥產期阿兵哥便要出公差，幫忙拔洋蔥，將一球球半掩在土中的洋蔥扳離土面，曬一整天的太陽，代價是兩瓶冰涼的啤酒。

哪裡買　屏東車城 / 車城鄉農會

{鯖魚}

一夜干製法的鯖魚，除了挑魚外，也挑鹽，使用天然日曬鹽醃製，而且醃魚的鹽湯像老店肉燥、滷汁一般，不斷煮沸、冷藏使用，使得味道得以圓潤深厚，不致辛辣單薄。

哪裡買　南方澳 / 明堯鯖魚

靠海吃海

「鯖魚」

鯖魚在台灣主要分為白腹鯖與花腹鯖兩種，在漁民的眼裡，每種魚都有更傳神更耳熟能詳的稱號—「花飛」或「青輝」就是那閃著青色光澤的魚體花紋。花飛是宜蘭南方澳漁港最大宗的漁獲，也為南澳贏得了「鯖魚之鄉」的美譽。過去的花飛多以鹽漬防腐儲藏，乾煎一塊鹹花飛配上一碗白粥，成為許多人的美好回憶，如今漁撈與冷藏運輸技術發達，以及養生風潮日盛，鹹魚逐漸翻身，花飛鹹度大大的降低，市場上亦多有鮮魚供應。由於肉中富含油脂，最適煎烤油香四溢，是常民的營養與美味。

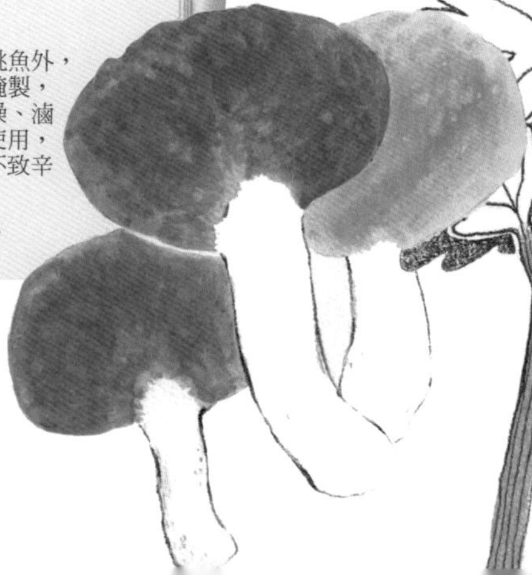

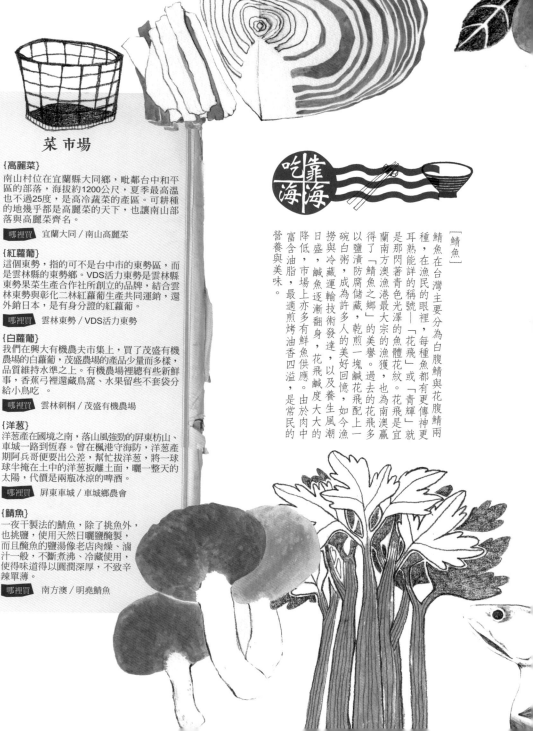

〔三菜一湯 過日子〕

想一下喔！

俗諺說：「雨水連綿是豐年，農夫不用力耕田。」

「雨水」的到來，是農夫們春耕播種的時候，香甜鮮美的高麗菜櫻花蝦飯、超級下飯的燴野菇，一夜干鯖魚，吃得到鯖魚的細嫩，充滿元氣的湯品——牛肉羅宋湯，給足一整日的力氣，每天，都要好好對待自己的胃。

【有沒有冰雪聰明】

建議：牛肉羅宋湯可以煮大鍋一點，因為熬越多次越好吃，蔬菜的甜味和肉香會一次又一次釋放出來，還可以請厝邊頭尾一起來品嚐。

餐桌一定要美美的

二月的櫻花雨除了在户外，也可以把她請進來，讓家裡飄下粉雪吧！

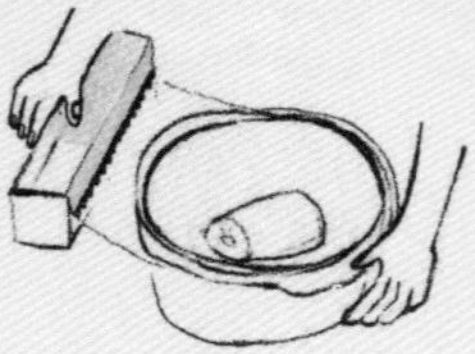

好媳婦就是不能浪費

將今天用不完的白蘿蔔冰起來，
明天還可以拿來燉蘿蔔排骨湯。

切洋蔥不哭哭

將洋蔥對切後泡冰水，再切就不會流淚囉！

雨水

湯【敦親睦鄰 牛肉湯】牛肉羅宋湯

1. 白蘿蔔切丁、西洋芹切丁，將牛腩切一塊塊，準備約1碗公的量，自己在家吃，愛切多大就多大。
2. 將牛肉入鍋煎，煎至恰恰，放入煮鍋中。
   - 將老薑切片和洋蔥切丁一塊兒拌炒，炒到軟。
3. 再加入番茄丁，番茄要過油再炒，炒到糊糊的最好吃。
   - 加入月桂葉、白蘿蔔丁和西洋芹。
   - 最後放紅蘿蔔絲、高麗菜切小片。
4. 加適量水煮一下，再放紅酒及馬鈴薯丁，加水續煮。
5. 讓湯一直熬、一直燉約2小時。
   - 直到肉香和蔬菜香完全釋放就大功告成啦！

「牛肉羅宋湯變身牛肉麵」
煮湯的時候牛肉切大塊些，下一些麵條，淋上好喝的牛肉湯，就是甜美到不行的牛肉麵了。

那先來準備一下

紅蘿蔔—1根
白蘿蔔—1/2根
高麗菜—1/2顆
番茄—2顆
洋蔥—2顆
馬鈴薯—1顆
牛腩—2條
老薑—1小根
西洋芹—1根
月桂葉—2片

愛有味道

鹽—適量
紅酒—1~2瓶

菜【菜蝦飯】高麗菜櫻花蝦飯

1 將五花肉煎至恰恰，後取出備用。
- 再用五花肉的油來炒香菇。
- 加入蒜末和高麗菜絲。

2 用大火來炒櫻花蝦，逼出蝦香後，加入蒜末和薑末。
- 加入少許鹽及白胡椒粉，再將五花肉等加入。

3 完成炒料，再將炒料拌進煮好的白米飯中。
- 盛盤的時候將飯裝得鬆鬆的，妝點一些櫻花蝦。
- 最後灑上白芝麻，好吃好看的高麗菜櫻花蝦飯完成。

「櫻花蝦」 番外篇

這次買的櫻花蝦是生的喔，
有活跳跳的感覺，所以炒起來香得特別厲害。

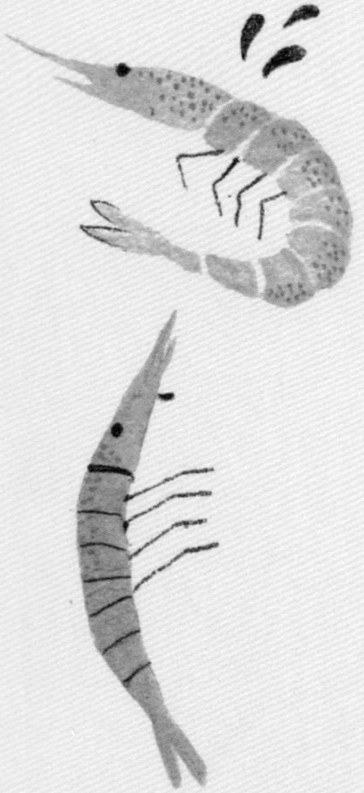

雨水

菜【一夜乾啦！】香烤一夜干鯖魚

[魚醬汁] 用冰水泡洋蔥，再加入現擠的金桔汁及柳橙汁，放一點鹽，最後加些百里香。

[料理魚] 將一夜干鯖魚煎至恰恰，再淋上特調的魚醬汁。這道真的非常簡單吧！

一夜干是讓魚肉吃起來富有彈性、特殊香氣的料理。
這是日本北海道特有的一種醃漬方式，將當日現撈的鮮魚，浸泡鹽水後，
曝曬在冷風中風乾一夜後，有不同於鮮魚的美味。

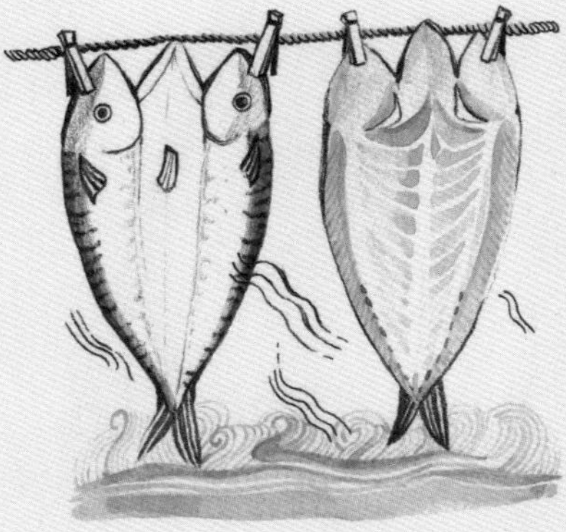

菜【野菇高峰會】燴野菇

1 將秀珍菇炒香，炒至恰恰。
• 再放金針菇。
2 加些沙茶醬（1~2匙）及豆豉拌炒。
• 最後加入豆皮（乾豆皮記得先泡水）。
• 加一點水煨一下。
• 起鍋前，加點白胡椒調味即可。

這道菜超級搭啤酒又下飯！來罐啤酒，冰冰涼涼戰勝艷陽！

註 菇類除了金針菇可以水洗外，其他的都要用擦的，美味才不流失。

〔節氣餐桌〕雨水

雨來，是清涼，是消暑，是恬靜，是浪漫，
雨來的那天，我和他一起下廚，
他哼歌，我做菜，
那今日獨有的合奏，在廚房裡。

驚蟄

〔今天〕

驚蟄草 生命綠
大地萬物翻了身
醒來 準備茂盛

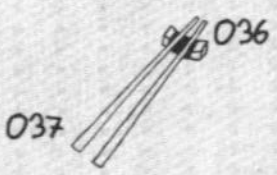

[交節日] 國曆3/5-7

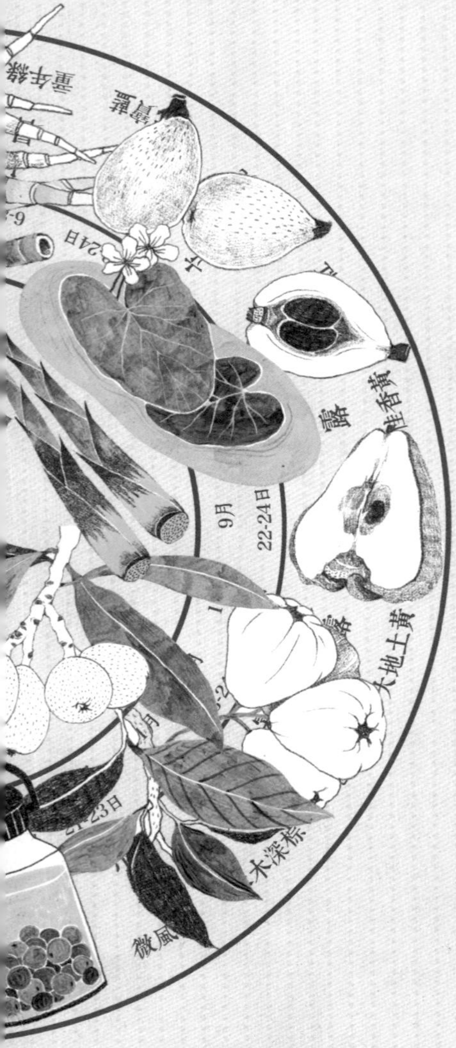

春雷初響
萬物萌發
驚蟄後
大地跟著開工
一切復甦

[皇帝豆]

產季：1月至3月

產地：台南麻豆、善化，高雄旗山，屏東九如、鹽埔

[枇杷]

產季：1月至4月

產地：宜蘭，苗栗，台中，南投，台東皆產，以台中新社、太平為主要產地

[箭筍]

產季：3月下旬至4月下旬

產地：花東山區為主，以花蓮光復太巴塱最有名

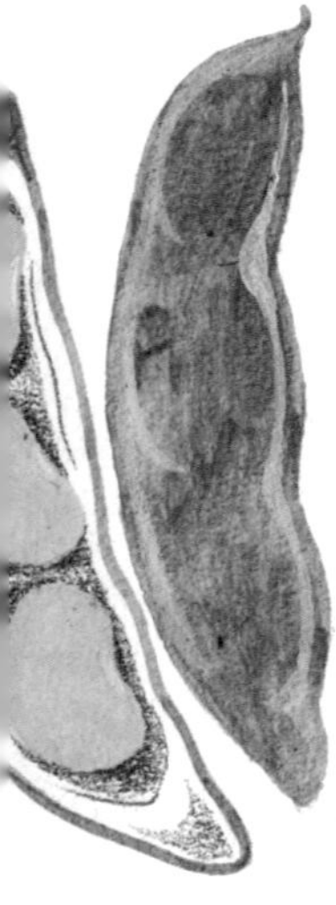

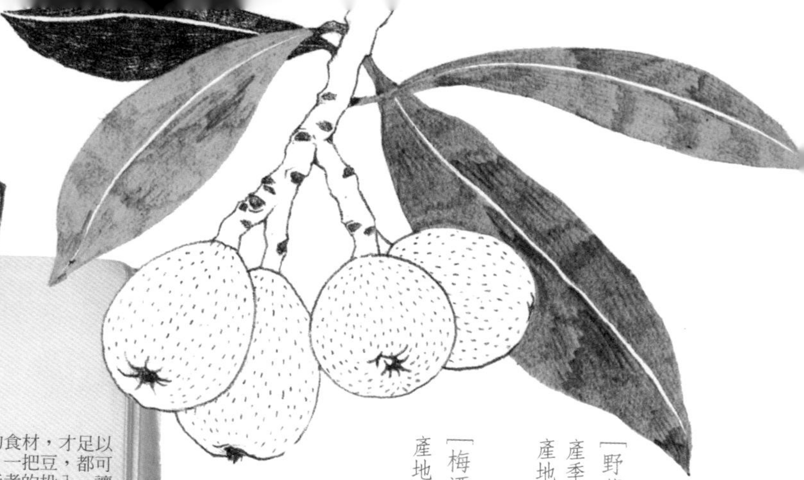

菜市場

{皇帝豆}

發覺一件事，不只是需求量大的食材，才足以支持有機栽種，連小小一條瓜、一把豆，都可以有機，很佩服上游這麼多生產者的投入，讓我們想要向有機靠攏，不那麼難。

哪裡買 屏東鹽埔／興城農場

{枇杷}

徐家種枇杷已到第3代，園裡都是4、50年枇杷老欉，從慣行農法每年要噴20多次藥，歷經4年才達到完全不用藥，所產枇杷農藥殘毒都是零檢出。多年生果樹要轉型有機，是條困難卻正確的路。

哪裡買 台中新社／耕園農場

{箭筍}

花蓮縣光復鄉太巴塱地區，是全國最大的箭筍產地，每年驚蟄到穀雨間，便「萬箭齊發」，也發展成觀光節。不必施肥、沒有病蟲害，新鮮箭筍果然甘甜脆香。

哪裡買 花蓮光復／光豐地區農會

{野蓮}

我們尋找到美濃當地人工池塘栽培野蓮的農民，看他身手不凡的摘野蓮，就好像上演一場水中蛟龍秀。

哪裡買 高雄美濃／黃泓灯

[野蓮]
產季：全年皆產，夏熱可採收2次，冬可採收1次
產地：高雄美濃

[梅酒]
產地：南投信義

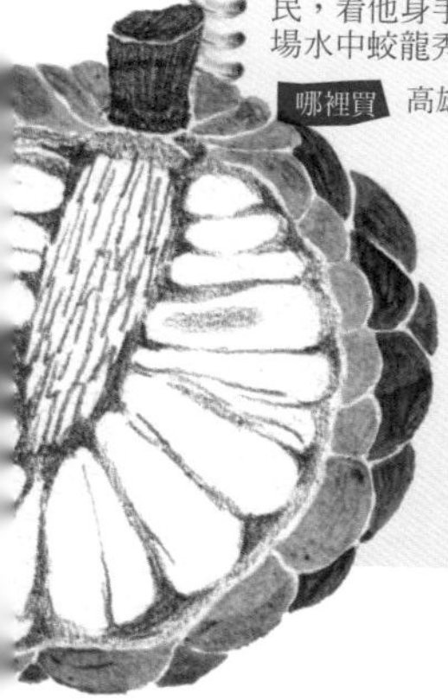

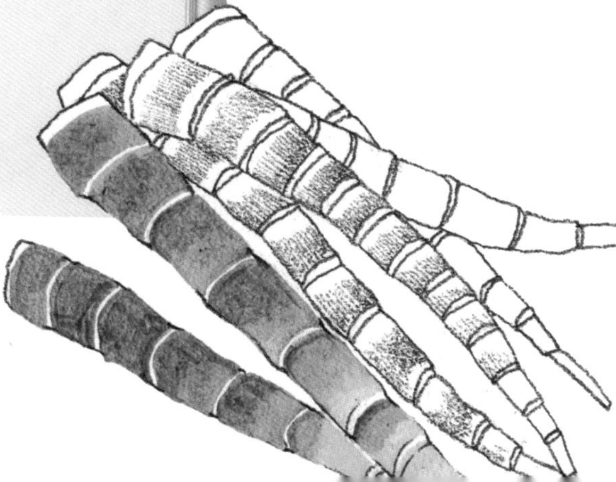

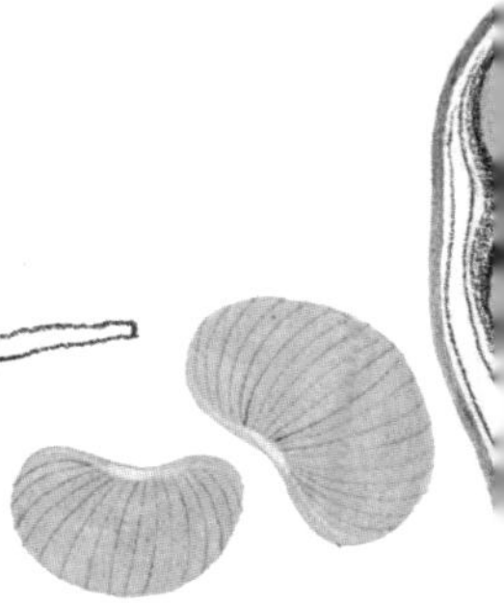

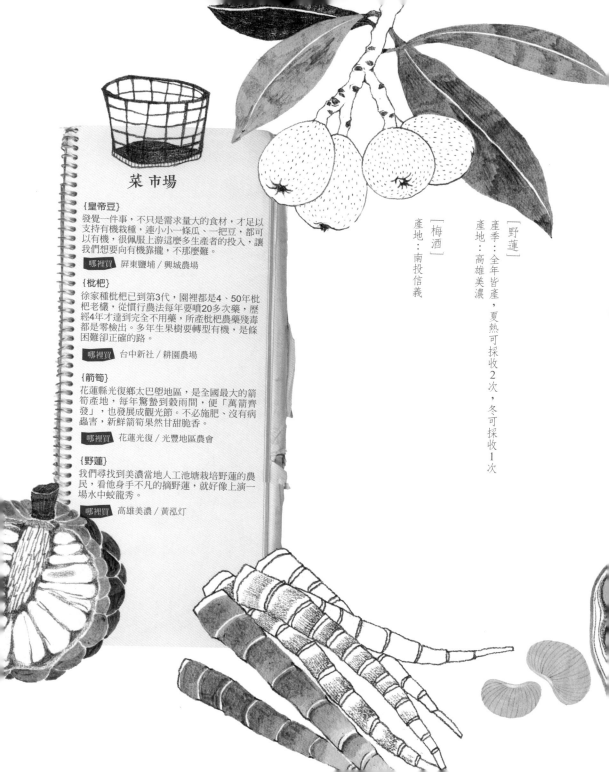

〔三菜一湯 過日子〕

想一下喔！

驚蟄時節，便是萬物開始鼓動的時候，
伸個懶腰，準備開始動工囉！
在動工之前的料理，
我們準備了，
爽口的皇帝豆燒肉，
卡滋卡滋炒箭筍、鮮嫩炒野蓮，
最後來碗當季的酒漬枇杷甜湯，
讓蠢蠢欲動的身體有滿滿的力量。

餐桌一定要美美的

選了三根漂亮的紅海芋搭配鮮綠的旅人蕉葉，
今天的餐桌好氣質。

【有沒有冰雪聰明】

甜湯多放一點糖，不僅可延長保存期限，
也有多種用途：稠狀作為沾醬、濃一點當甜湯，加點冰塊搖一搖就是水果酒了，真是一舉三得啊！

【枇啦杷啦】酒漬枇杷甜湯

枇杷性涼，
味甘、微酸，所以解膩，
具有潤肺止咳功效，
又生津止渴，
清熱健胃，所以有益。

1. 取一鍋水加入信義鄉梅酒和一顆話梅，煮滾。
2. 將枇杷洗淨剝皮，整顆丟入酒湯中。
3. 煮滾後熄火，隔水降溫。
4. 送進冰箱，漬一個晚上，喝的時候加一片新鮮的綠紫蘇葉，會很好看又有香氣喔！

「枇杷去籽功夫」將枇杷對半切，再轉一圈，籽就會統統取掉了。

那先來準備一下

信義鄉梅酒—1罐
話梅—1顆
枇杷—數顆
綠紫蘇葉—1片

愛有味道

冰糖—約1/3~1/2包

菜【朕五花】皇帝豆燒肉

❶ 五花肉切片，煎至恰恰，此時鍋內會出現很多豬油。

・秉持少油健康的原則，取一些油出來。

❷ 加一點醬油讓肉上色，火轉小一點。

・炒至醬香出來後放入薑、蒜、辣椒一起拌炒。

❸ 炒香後放入蒜苗白段，再放皇帝豆。

・再加一點醬油和水，湯汁收乾，起鍋前加入蒜苗青及一點鹽。

・拌一下，就可以上菜囉！

【妙招】讓肉均勻穿上赤色的衣服

炒肉的時候加上冰糖和醬油一起，肉會乖乖地，彷彿穿上一層漂亮的赤色衣服。（也就是很容易上色的意思）

想吃哪一種皇帝豆呢？

有口感的：最後放水的時候放半杯，水燒乾起鍋的皇帝豆就超有口感的。

爛爛的：最後放水的時候放與食材量一樣多，水燒乾起鍋的皇帝豆會爛爛的，很下飯喔！

菜【卡滋卡滋】炒箭筍

❶ 將兩片豆包煎至恰恰，取出備用。

❷ 將香菇炒香加1匙辣豆瓣醬，再下辣椒（喜歡辣的籽要留喔）、下嫩薑絲，加一些香油拌炒，再放入箭筍拌炒。

❸ 另加2匙辣豆瓣醬，一點醬油膏。

・最後將煎好的豆包切條放入鍋中一起拌炒，香氣四溢的炒箭筍便會卡滋卡滋脆得不得了。

「豆包變身」
將豆包打開塞入絲瓜及百里香下去炸，也會卡滋卡滋個不停喔！

菜【綠楊柳】炒野蓮

切蔥，將野蓮切段，一塊兒拌炒，即可起鍋。

這純粹吃野蓮的幼嫩，所以我們就不加拉里拉雜的了。

當野蓮玩花樣

將野蓮切段，加入金針菇，再來個榨菜絲，整個口感層次升級，野蓮瞬間豐富又多變。

〔節氣 餐桌〕
驚蟄

春雷乍響，就像開幕式的一聲鑼，
所有角色各就其位，春天一齣戲，開演了！

春分〔今天〕

春分瓣 幸福粉
飯吃一半飽
酒喝一半醉
六分醉的微醺 最好

［交節日］國曆3/20-22

天剛暖，櫻剛開
打開了一半的天與地
四處竄進了五顏六色
讓人生，豐富得剛剛好

【韭菜】

產季：全年，但農曆2月的最好吃

產地：宜蘭員山，桃園大溪，彰化埔鹽、田尾，花蓮吉安

【白花椰菜】

又叫花菜或菜花

產季：全年

產地：彰化，雲林，嘉義，台南，高雄

【紅鳳菜】

產季：全年

產地：屬於鄉土蔬菜，野地可長，民間菜圃也普遍種植，新北、彰化、雲林則有規模栽培

【毛豆】

產季：年分春、秋二期生產

產地：彰化，雲林，台南及屏東

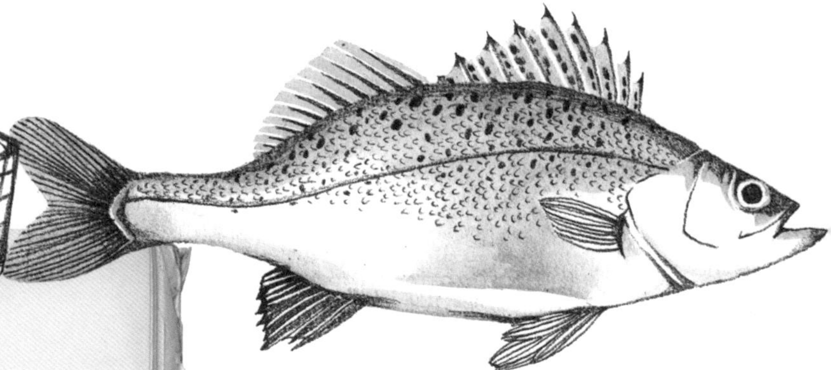

菜市場

{毛豆}

ME棗居的主人從台北來到了苗栗公館，接手了100多株的紅棗園，朝有機轉型。除了公館有名的紅棗外，也栽種毛豆、芋頭，水、土無污染，全程不用藥，可以吃吃毛豆原味如何。

哪裡買 苗栗公館 / Me棗居自然農園

{油菜花}

常被用來當作綠肥的油菜，每在二期稻作收割後播下，一期作插秧前，犁入田中作肥，剛抽花的油菜，農家每每信手採下一把油炒上桌。這次買的油菜花，我們找的是旺來。

哪裡買 新竹新埔 / 旺來有機農場

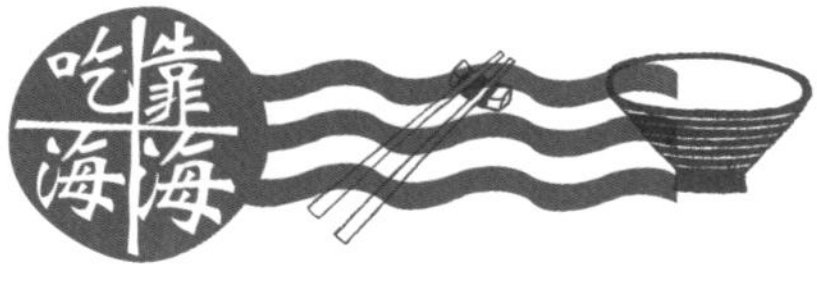

[油菜花]

產季：12月至次年3月

產地：新竹，苗栗，台中，彰化，雲林，嘉義，花東縱谷

[鱸魚]

鱸魚主要分布在台灣西部、北部沿海，棲息淡水、海水交會區，現已可以人工養殖。適於清蒸、紅燒、煮湯，是民間認為營養價值高，術後促進傷口癒合的食補。

〔三菜一湯 過日子〕

想一下喔！

來到了春分，這時候白天和夜晚一樣長，
好公平的日子，
值得爲這一天慶賀一番。
本草綱目上記載：「正月蔥、二月韭」，
韭菜農曆二月最爲多汁，
再來碗紅鳳菜毛豆飯，
天然的紫搭配天然的綠，
這碗飯很不簡單。
新鮮鱸魚與油菜花和金蓮花一起，
魚香花香好對味；
最後上的是白花椰菜濃湯，
馬鈴薯與花椰菜的自然調和，
濃得好舒服入口，
這是春分的套餐，有春的自然風情。

那先來準備一下

花椰菜—1顆
生腰果—適量
馬鈴薯—1顆

餐桌一定要美美的

杜鵑此時開得耀眼極了，選自個兒愛的顏色，
放進簡單的花器中，滿室自然春意盎然。

【你濃我濃】白花椰菜濃湯

1 煮一鍋水，將馬鈴薯切一片片，再加入生腰果一起煮。

「記住喔」 花椰菜和生腰果的比例為3：1

- 滾了之後加入花椰菜。
- 再次滾一下，滾了之後關火待涼。
- 涼了之後將馬鈴薯和花椰菜撈起。

2 放進果汁機中榨出濃稠度。

3 再倒入原來的湯鍋中，加點水續滾一下、灑些鹽。

- 這樣簡單的作法不僅讓濃湯有健康的稠，又可以喝到花椰菜自然的原味。
- 喝的時候加一些荷蘭芹讓香氣double。

【濃湯也可以變抹醬】

將水的量減少，稠度自然增加，自然就會變成抹醬了，簡單的概念可以運用在所有濃湯的料理喔！

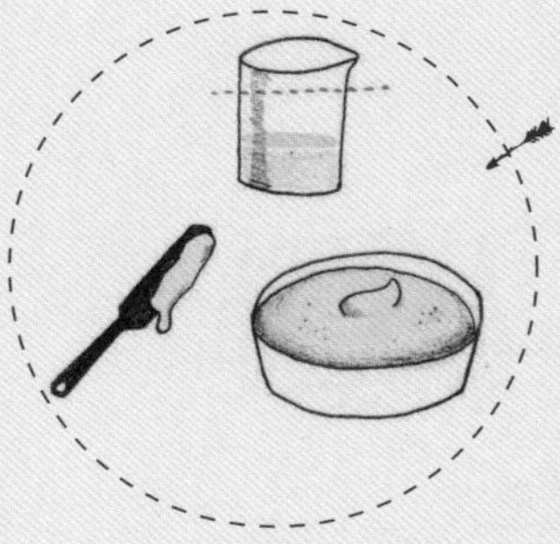

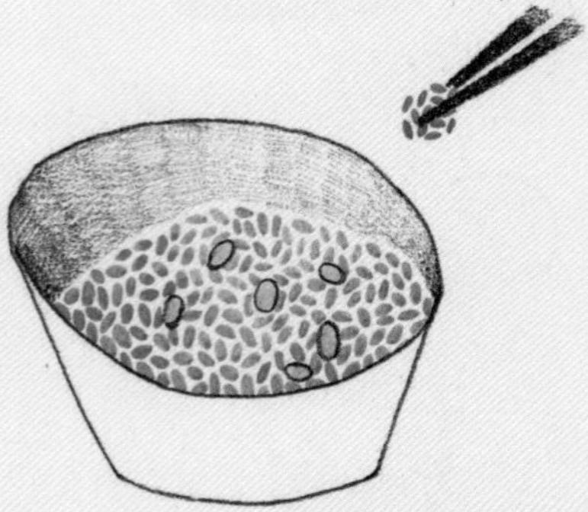

【大紅大紫】紅鳳菜毛豆飯

煮一鍋水燙毛豆，滾後再將毛豆放入涼水中開始剝皮。
以黑麻油低溫炒香薑絲，撈起備用，
用原來的黑麻油續炒紅鳳菜，加一些水炒至軟，撈起備用，
將剝好皮的毛豆倒入黑麻油中熱一下，撈起備用，
最後將煮好的飯加入剩餘的黑麻油中拌一拌，
轉眼間飯就會變成漂亮的紫色，再加上可愛小小的綠毛豆，
好精采的紅鳳菜毛豆飯就完成了。

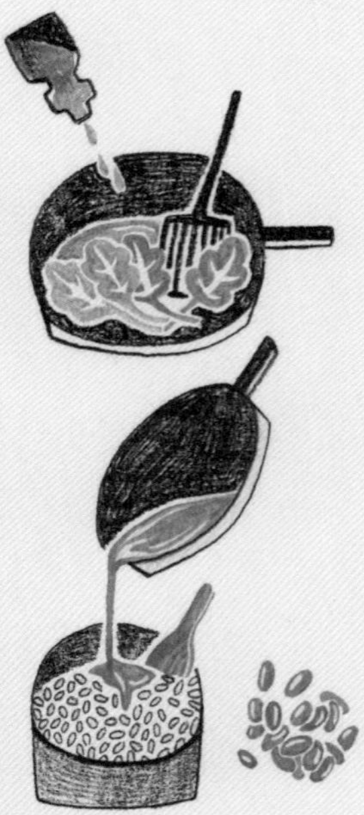

【有沒有冰雪聰明】

怎麼煮出漂亮的紫色飯呢？用麻油炒過的紅鳳菜油，加入已煮好的白米飯，拌一拌，飯就會神奇地變為好美麗的紫色囉，
有麻油香氣與紅鳳菜的味道，這碗紫色的紅鳳菜飯常常獲得眾人的喝采呢！

春紅春紫套餐

準備一份整套的餐具將紫飯裝起，配菜爲剛剛撈起備用的紅鳳菜與薑絲，
薑絲放在紅鳳菜上頭，搭配今日的白花椰菜濃湯，配花爲白粉色的蘭花。

【魚兒花中遊】鱸魚油菜花金蓮花

❶ 先用薑和油菜花一塊兒拌炒，炒好後，襯底。

❷ 鱸魚菲力抹一點鹽、一點胡椒，乾煎。

• 煎好後將鱸魚放至油菜花上，最放擺上橘色的金蓮花，完成。

建議：選淺色的盤子來盛盤，整道菜會非常搶眼喔！水啦。

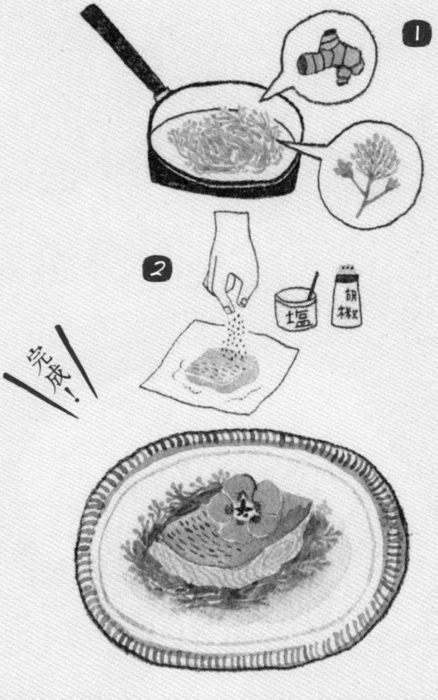

【長長韭韭】韭菜煎蛋

❶ 打8顆蛋。

• 韭菜切珠，加入蛋液中加點鹽拌勻調味。

❷ 入鍋煎，邊煎要邊撥勻，關小火蓋上蓋子，等凝固。

❸ 再翻面，待兩面都煎至恰恰後，起鍋。

• 嚐一口，韭菜超級juicy的啦！

〔節氣 餐桌〕

春分

晝和夜都用相同的時間來陪伴我們，
我們也要公平的對待它們，
所以我想，
為白天唱一首歌，
為夜晚跳一支舞。

清明

〔今天〕

清明飄　柳葉新青

天清地明

春風　燦爛了花　滿得可以飄雨

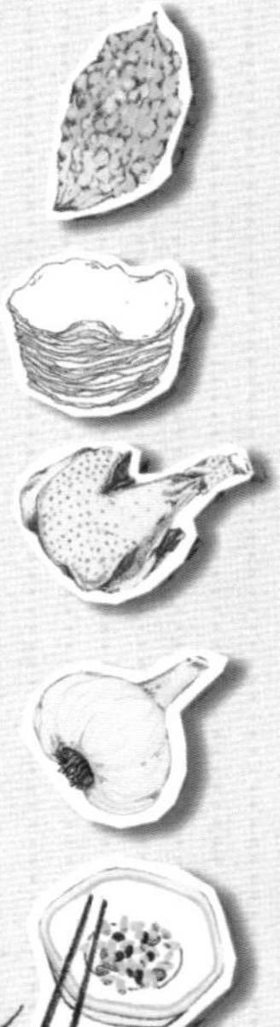

〔交節日〕國曆4/4–6

立春起了頭
經過雨水、晝夜調節
萬物甦醒
天地清明到彷彿可以達天聽
燃柱清香
跟先人說話聊聊天

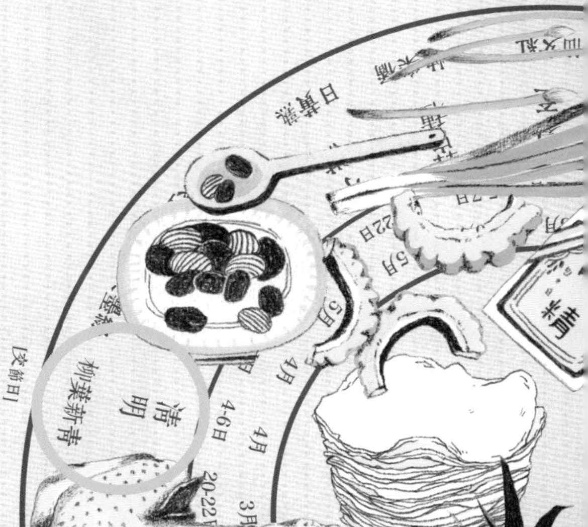

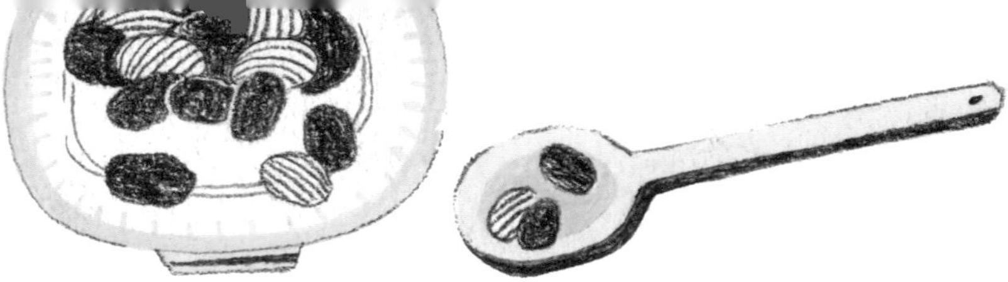

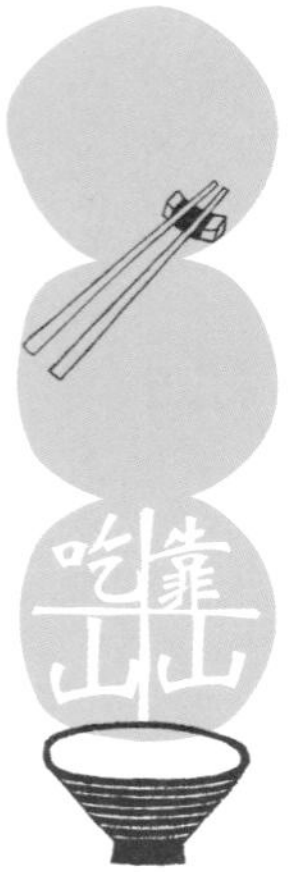

｜莿桐蒜頭｜

產季：3月至4月左右

產地：雲林莿桐

｜金鑽鳳梨｜台農17號

產季：4月至8月

產地：南投，嘉義，台南，高雄，屏東

｜山苦瓜｜

產季：4月至8月

產地：花蓮新城、秀林、吉安

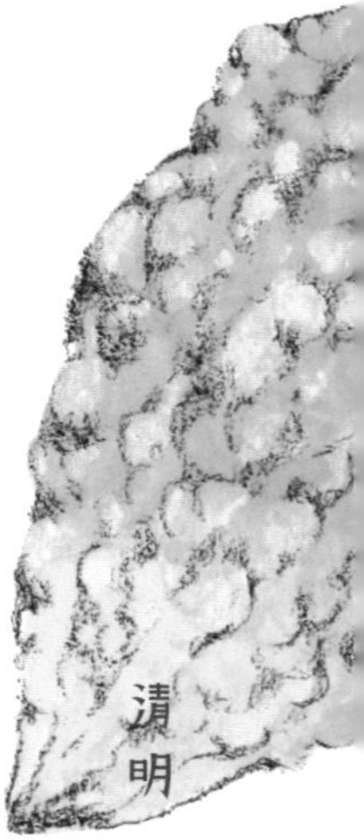

菜市場

{莿桐蒜頭}

我們菜市場裡賣的蒜頭，若不是進口，那麼8成以上都來自雲林，台灣的蒜頭香辛味濃，深受歡迎。這次使用的蒜頭，來自莿桐。

哪裡買 雲林莿桐 / 莿桐鄉農會

{金鑽鳳梨}

金鑽鳳梨因為纖維細、汁多濃郁，成為眾多鳳梨中的當紅小生，我們往南去，去陽光更充足的地方買鳳梨。

哪裡買 台南玉井 / 果樹產銷班第42班

{山苦瓜}

台中從興大有機農夫市集中，找到紅磘的山苦瓜，誰說有機一定其貌不揚，這裡的山苦瓜照樣飽滿、口感清脆，苦味是一定要的。

哪裡買 雲林斗南 / 紅磘有機農場

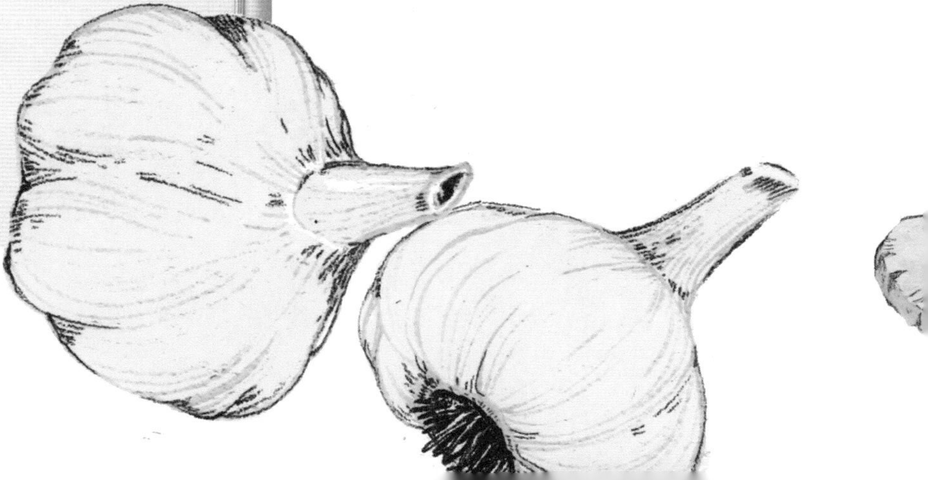

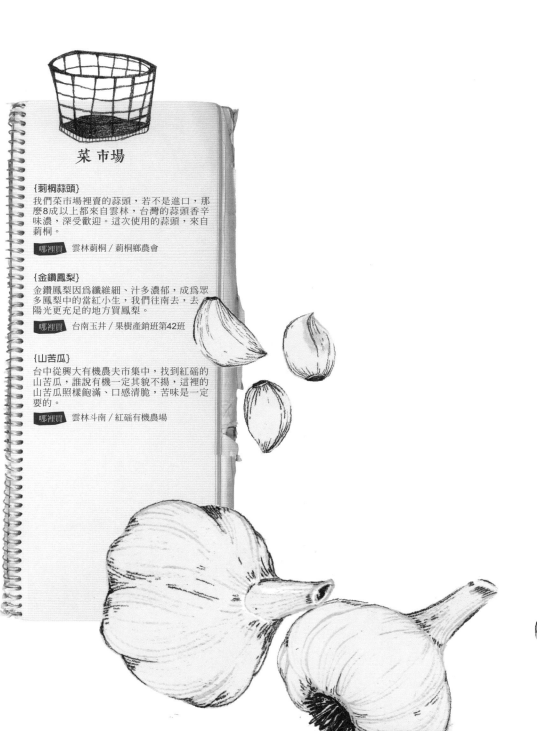

【三菜一湯 過日子】

想一下喔！

清明時節雨紛紛，
雨，是思念親人的淚，
在另一端的他們是否過得安好？
上天特別恩准這天，
讓我們這些子孫，
為摯愛的親人準備他們愛吃的，
今年就來點特別的吧，
西式蒼蠅頭潤餅，
西式烤雞腿、烤蒜頭，
消暑的鳳梨山苦瓜汁，
跨時空的分享，
是我們的心意。

餐桌一定要美美的

今天想為已逝的親人獻上一整盆的野百合，
希望那份韻久淡雅的花香可以直達天堂。

清明

人妻必學 [挑鳳梨]

一.指彈鳳梨，發出空蕩聲響者最佳。
二.基部呈金黃色澤，尾部為淺綠色最佳。
三.手拿有沈重感。

【有沒有冰雪聰明】

山苦瓜和鳳梨除了打成汁外，若是再加點橄欖油、一點鹽，
加在一塊兒打成汁，就會變成法式醬汁，配上蝦子，就是一道完美的法國料理。

【黃色潛水艇】鳳梨山苦瓜汁

1. 將鳳梨切片。
   - 取1/3山苦瓜切小片。
2. 兩者放進果汁機中。
   - 加入蜂蜜，梅子粉。
   - 現擠柳橙汁，加一些冰塊。
3. 榨成汁就是簡單消暑的鳳梨山苦瓜汁了。

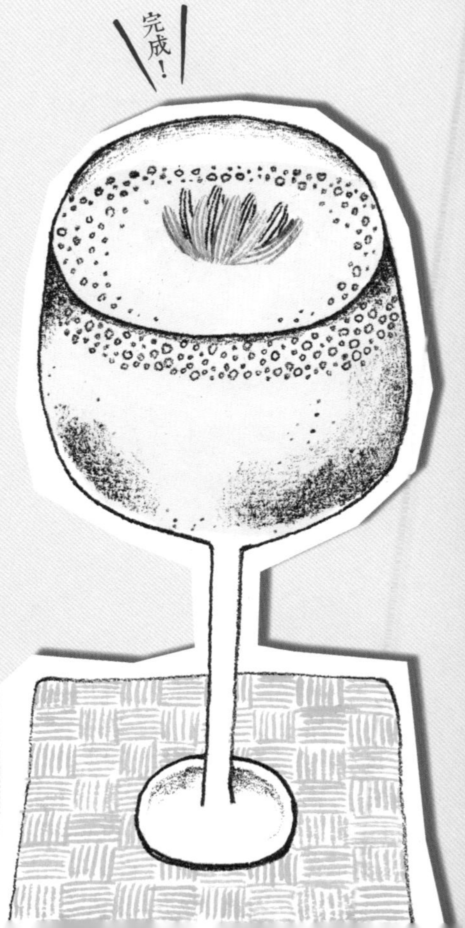

「梅子粉」這次選用的是里仁的梅子粉；梅粉是純梅果磨成粉製成，拿來調味搭配再適合不過。

「蜂　蜜」這次選用的是泉發蜂蜜；最好的蜂蜜就是不搶著當主角，反而更能襯托出主角的香味。

那先來準備一下

鳳梨—1顆
山苦瓜—1/3顆
柳橙—1顆

愛有味道

蜂蜜—適量
梅子粉—適量

菜【菇菇黃金腿】烤雞腿

1. 蘑菇切細片，開火炒軟，再加入洋蔥末，然後下百里香拌炒，起鍋後放小碟。取3片去骨的雞腿排，將雞皮擦乾。
2. 將處理好的蘑菇包進雞腿排中。
3. 再用牙籤像線般縫好，雞腿排會呈現胖胖的橢圓狀，非常可愛喔。
4. 再將3個腿排放入烤盤中，再加入3～4顆大蒜頭及數顆小蒜頭，最後擺上百里香和迷迭香，加一些酒放入烤箱，約調220度，烤50分鐘左右，烤至表皮焦脆即可。

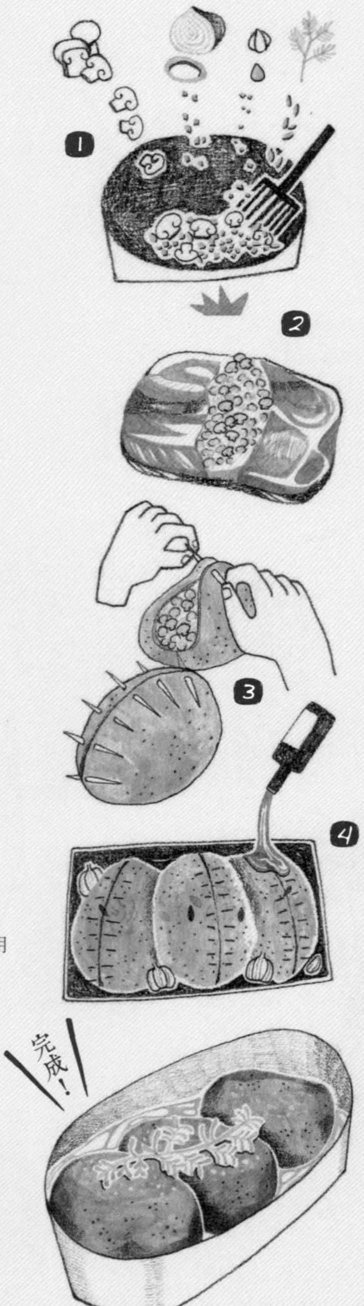

【獨門刀法】

切蘑菇，切的時候以手的第一和第二指節骨頭抵住刀片，如此一來就不怕切到手指頭，轉眼間薄薄的蘑菇就高高的堆在砧板上了。

蘑菇正確處理法

蘑菇用微濕的布或紙巾擦淨即可，如此蘑菇的好風味才不流失。

雞皮脆脆脆

烤雞的時候將雞皮擦乾就會烤得香脆，利用吹風機吹，烤後的雞皮更是脆得不得了！

雞皮縫紉術

利用牙籤慢慢串起兩邊的皮，包起來固定住就可以囉，圓圓鼓鼓非常可愛討喜唷！

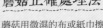

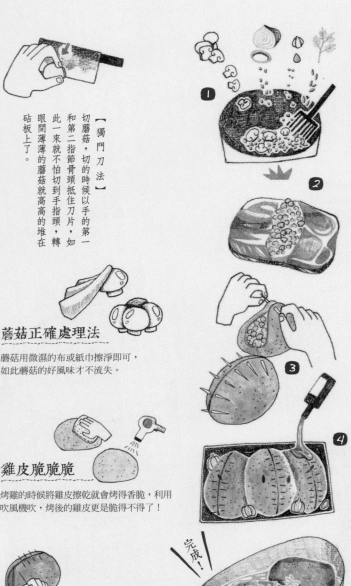

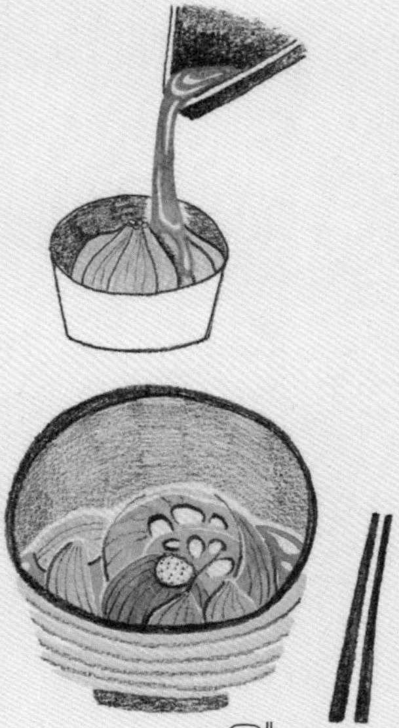

【黃金鑽】烤蒜頭

將蒜頭和烤雞腿一起烤，蒜頭就會吸飽滿滿雞汁，
品嚐的時候記得淋上一點雞汁，果然好吃得說不出話來。

終極吃法：一塊雞腿肉、一顆烤蒜頭、淋上雞汁，此番美味，夫復何求啊！

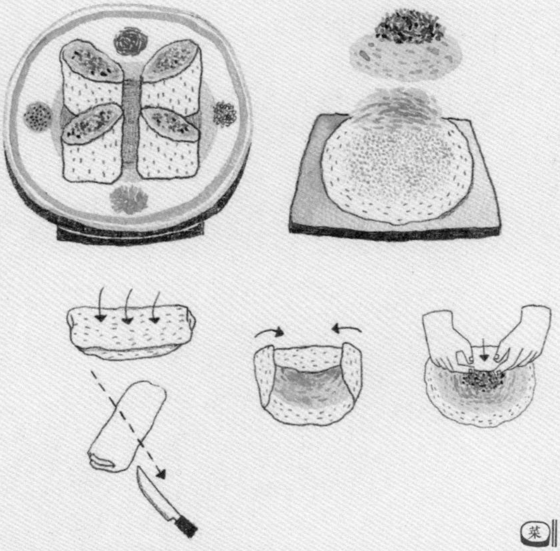

【捲起相思】西式蒼蠅頭潤餅

蒼蠅頭炒法

肉加水加鹽抓一下、豆乾切丁，
起油鍋將肉末炒香加入蒜末、薑末、豆乾丁一起炒，
炒香了，再加入豆豉和醬油及冰糖繼續拌炒，
待醬香出來再加入韭菜丁拌一拌，起鍋備用，
準備1張潤餅皮，灑上花生粉再加入高麗菜絲，
第二層放1整片蛋皮，最後將蒼蠅頭放至尾端，
開始捲捲捲，捲完後中間斜切。

盛盤方法

我們可以做2條潤餅，對半斜切後直立放，俯瞰就像有4片花瓣的白花，
在四周依序放上紅蘿蔔絲、白芝麻、香菜、芥末，
這道西式蒼蠅頭潤餅就完成了！
這細緻的心意，我想親人一定感受得到。

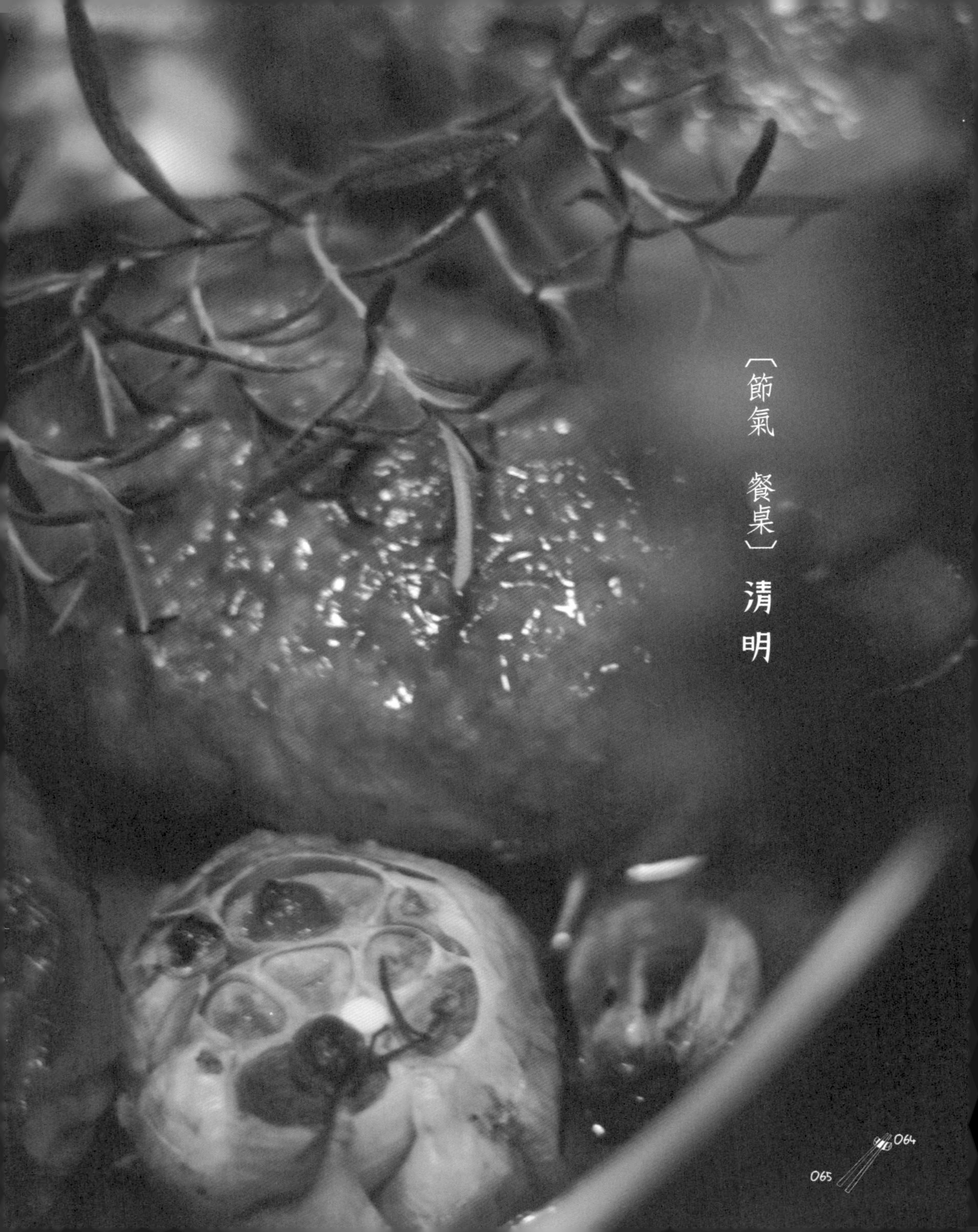

〔節氣 餐桌〕清明

返鄉祭祖，大家好不容易相聚了，那款待祖先的菜餚，
成為我們吃平安的一種方式。每個人都大快朵頤，
將今天的相思吃進肚中，然後再一點一滴存進心底。

穀雨〔今天〕

穀雨豆 愛笑墨綠
桑樹 茶葉 浮萍 魚和蝦
原來都是 春天的心跳

〔交節日〕 國曆4/19-21

穀雨像是個分界點

前三日無茶挽，後三日會採不及

春茶在穀雨時萌發

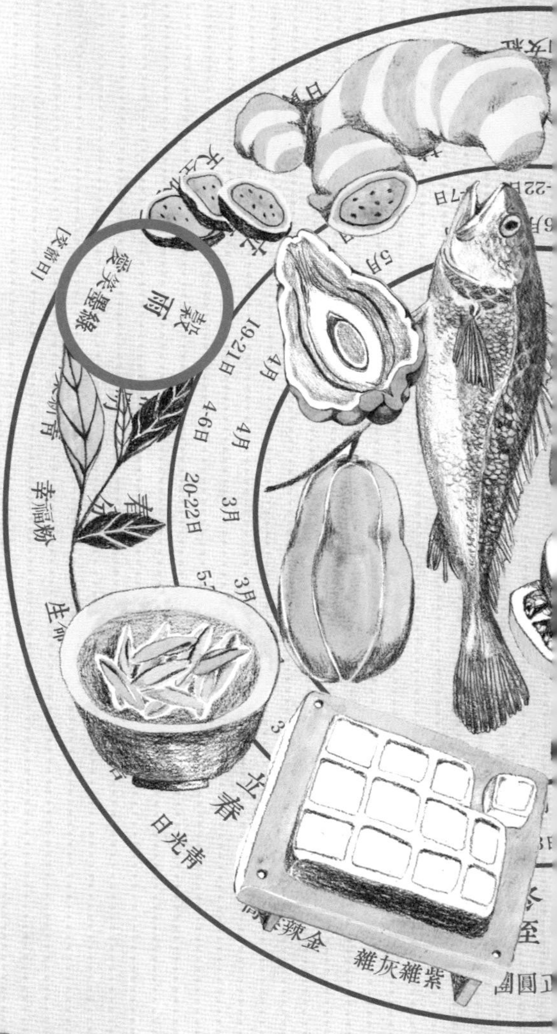

［莧菜］
產季：北部地區在4月至8月，中部地區在3月至9月，南部地區則全年皆有生產
產地：各地均有栽培

［龍鬚菜］是佛手瓜籐之嫩莖蔓
產季：4月至10月
產地：花蓮吉安、鳳林

［佛手瓜］
產季：4月至11月
產地：花蓮吉安、鳳林，嘉義番路鄉大湖村

［番茄］
產季：11月至次年6月
產地：宜蘭，新竹，南投，彰化，雲林，嘉義高雄，屏東，花蓮，台東

菜市場

{莧菜}

一把莧菜，我們也希望有機，往有機農夫市集裡挑，種一畦菜除了不用藥，肥料也講究，用許多天然素材加上好菌，自製液肥好似獨門配方。

哪裡買 嘉義竹崎／勝源有機農園

{龍鬚菜}

種龍鬚菜也種成了達人，溫月美是花蓮縣農會龍鬚菜產銷班的班長，栽種龍鬚菜數十年如一日，也獲得了龍鬚菜有機認證。

哪裡買 花蓮吉安／溫月美農場

{佛手瓜}

看瓜農對肥料之講究，豆粕、豆漿、黑糖、活菌發酵，才結出這顏色鮮綠、質脆味甜、煮後口感鬆軟的佛手瓜，原來種瓜得瓜說得倒容易。

哪裡買 南投國姓／蔬菜產銷班第5班張秀茂

{番茄}

金三角專事生產牛番茄，以植物工廠工業化栽種，將看天吃飯等變數降到最低，品質產量皆穩定，成了國內量販與速食業者的食材供應商。

哪裡買 台中后里／金三角蔬果合作社

{春茶}

別人的茶園對任何病蟲害、雜草殺無赦，但在洺盛農場裡則將茶園視爲昆蟲的家，一步一步逐夢落實有機夢，茶有道、有文化，種茶製茶更要令人安心才是。

哪裡買 南投名間／洺盛農場

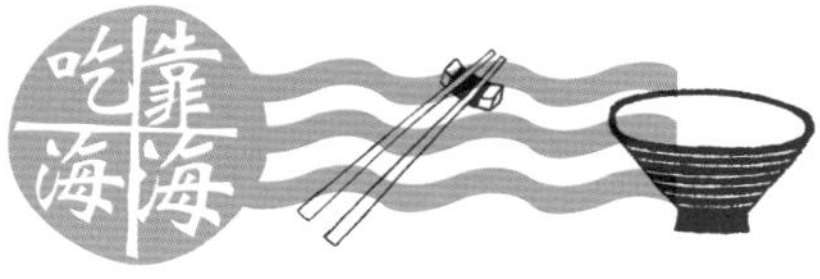

［春茶］

產季：約在春天的最後一個節氣穀雨前後採收，約3、4月間，過了穀雨，就跑出夏茶味了。

產地：台灣各大茶區皆有

［黃魚］

黃魚由於牠的肉質細膩、骨刺少，雖然台灣西部甚或外島產量並不多，但卻是古來有名的料理食材。糖醋、煎炸、紅燒都絲毫不減損其細緻，味道鮮美清甜無腥

〔三菜一湯 過日子〕

想一下喔！

二十四節氣中的「穀雨」，
也是春季的最後一個節氣。
雨水生百穀，依依別春光，
穀雨也是春茶盛產的季節，
從高山到丘陵，
都可見到茶農們忙著採茶製茶的身影。
今天就來道春茶炒蝦，
茶香與蝦香，會是如何呢？
敬請期待⋯⋯
再上兩道功夫菜，
紅酒漬番茄佐芝麻醬，
黃魚佛手瓜湯，
最後買把當季的龍鬚菜，
清炒一番，
好狂妄的三菜一湯，是不是！

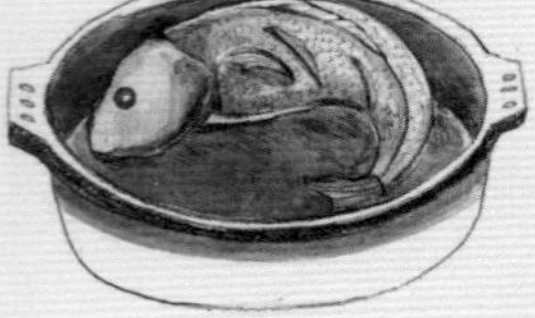

【有沒有冰雪聰明】

這道湯要讓黃魚站起來，我們選了一只侯清源老師的陶鍋，大小正好可放進一條黃魚。
將煎好的黃魚直立著放進湯鍋中，一直到最後黃魚都會直立立的站好喔！千滾豆腐萬滾魚，魚越滾湯越甜喔！
佛手瓜切越薄，煮的時候會越發晶瑩剔透。

穀雨

餐桌一定要美美的

穀雨喝春茶，我們來到三義的茶園，
配風景吃飯，身心都飽飽的。

將佛手瓜對半切，再一片片的切，
切下的每一片，
都像一朵朵淺綠色的小花。

佛手瓜像小花

湯【五指山黃湯】黃魚佛手瓜湯

1. 將黃魚先煎過，當第一面煎至恰恰後放入老薑，直煎到兩面都恰恰為止。
2. 加入米酒。佛手瓜如果買來嫩嫩的可以直接切小片，如果老老的記得要削皮。
3. 將煎好的黃魚放入陶鍋中，讓牠站著加入切好的板豆腐加兩碗水。
4. 讓豆腐和魚慢慢煮。加入佛手瓜片及紅蘿蔔絲。

- 小滾至出白汁就代表膠質出來了。

【黃魚湯番外篇】麻香佛手瓜麵線

- 煎一張蛋皮，切條。
- 將高麗菜切絲，加上佛手瓜燙熟。
- 在煮好的麵線上依序放下高麗菜絲、佛手瓜。
- 再淋上芝麻醬，最後加些蛋皮條。
- 哇哇哇，香得不得了，於是大家又有口福了。

那先來準備一下

佛手瓜—1顆
黃魚—1條
板豆腐—1塊
老薑—1個（拇指般大小）
紅蘿蔔—1根

愛有味道

鹽—適量

菜【面紅紅】紅酒漬番茄佐芝麻醬

1. 用一個湯鍋，倒入1~2瓶紅酒，加上胡椒粒及多一點的冰糖，再放丁香及肉桂兩根。
2. 將剝好皮的番茄丟入湯鍋中，煮滾，滾了就關火。然後整鍋提起來隔水降溫，讓湯鍋泡冰水澡。
3. 然後邊泡邊用湯匙淋番茄，如此番茄就不會爛爛的囉。將涼涼的湯鍋放進冰箱中冷藏。

- 需浸泡6個小時才會完全入味，直到番茄變成酒紅為止。煮這鍋，果然要很有耐心啊！
- 待番茄漬好後，對半切片，淋上芝麻醬，點綴些羅勒及白芝麻，風味可不是蓋的！

「番茄脫衣服」

將買來的4~5顆番茄，屁股劃刀，丟進滾水中，待縫裂開後撈起，立即將番茄放進冰水中等涼，皮就可輕易的剝下了。

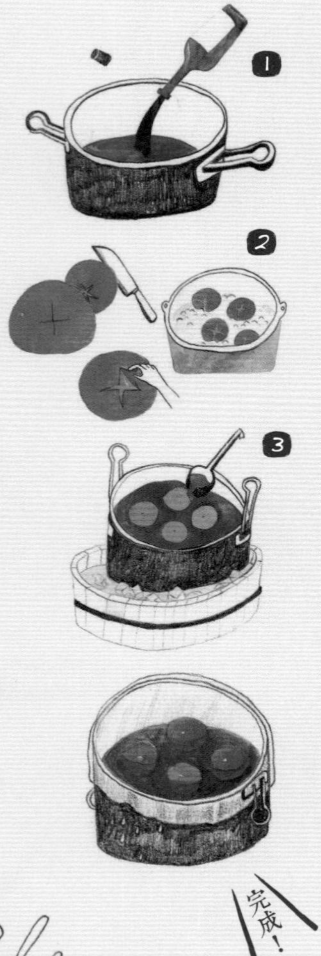

一道面紅紅三吃法

一.番茄切片，當配菜吃。
二.番茄對半切，當甜點吃。
三.湯加冰塊，當雞尾酒喝。

芝麻醬調法

我們買了里仁的芝麻醬，
三湯匙的芝麻醬，
加些水、鹽和醬油拌一拌。

穀雨

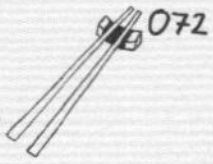

菜【春茶蝦】春茶炒蝦

・前一天先用米酒泡茶，再泡一壺春茶，並在茶湯中加入醬油和魚露，再加一點太白粉，備用。

❶ 將蝦子去殼、沙腸去掉，水份擦乾後，過油、滑一下撈起備用。

・煮一鍋水加入鹽和油，汆燙綠茶的嫩芯，將綠茶芯拿來襯底。

❷ 將薑末炒香，倒入茶湯，放蝦子，很快的拌炒一下。

・別讓蝦子老掉了，起鍋前，在鍋的邊緣淋上茶酒，熗一下鍋。

❸ 再將整鍋蝦放置汆燙好的綠茶芯之上，應景的春茶蝦完成了。

・現採的春茶格外飄香，這次換蝦自願當配角了。

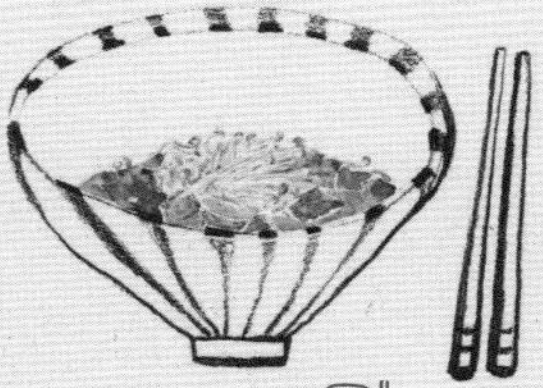

菜【噓】清炒龍鬚菜

薑蒜炒香，加入金針菇，再下龍鬚菜，蓋上蓋子，一下子就可以起鍋了。

註 刮刮是台語，指纖維過粗的莖葉。

不吃鬚

挑龍鬚菜的時候要把鬚挑掉，吃起來才不會刮刮。

〔節氣 餐桌〕穀雨

如果可以，好希望可以找一處茶園，席地而坐，將穀雨的三菜一湯，擺進茶園的畫面裡。

立夏

〔今天〕

立夏得穗 天空很藍
時速一公分 兩公斤 三個拳頭身
不論什麼 都在認真長大

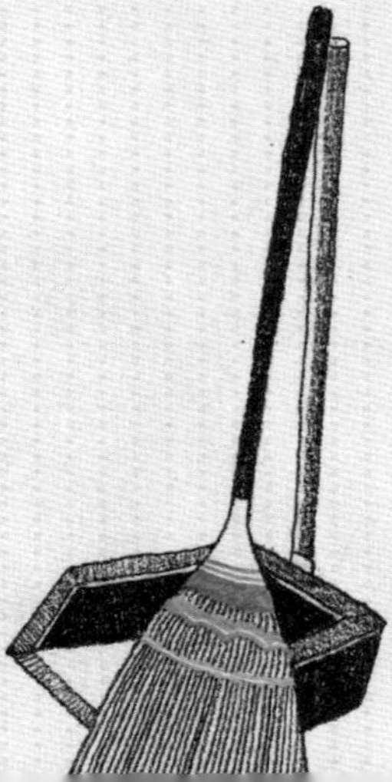

〔交節日〕國曆5/5-7

春走了，夏已始
一句「立夏補老父」俗諺
原來季節流轉
也提醒人要尊親
孝敬老爸爸不只在爸爸節

地瓜葉

產季：夏天為主要產季，現四季皆宜
產地：全台皆有

桑椹

產季：4月至6月
產地：嘉義，花東

彩椒

產季：10月至次年5月
產地：宜蘭，新竹，台中，南投，彰化，雲林，台南，高雄，屏東，花蓮

番茄

產季：12月至次年5月
產地：宜蘭，新竹，南投，彰化，嘉義，雲林，高雄

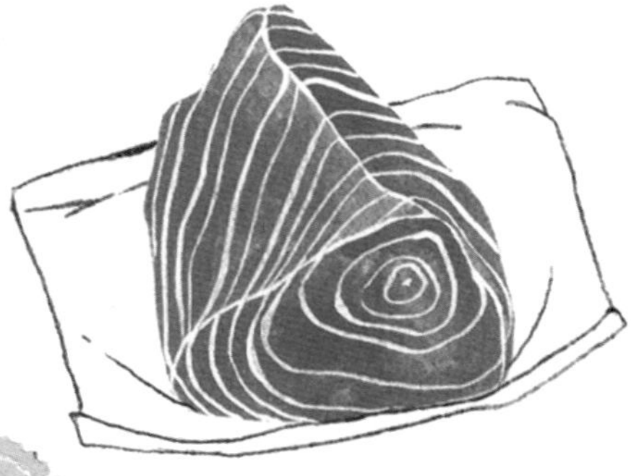

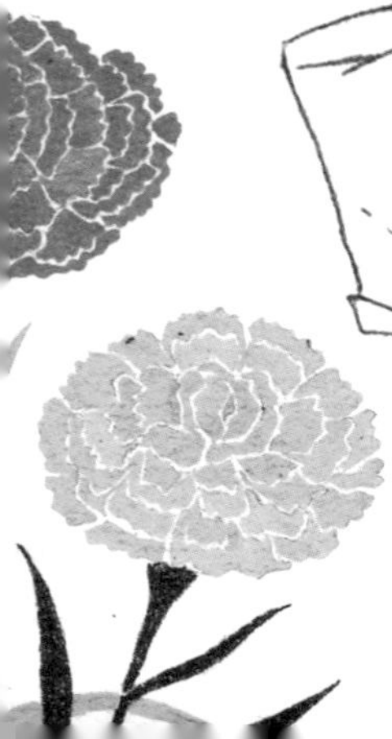

菜市場

{桑椹}

這是一家以桑椹爲主題的觀光休閒農園，滿足人們對桑椹的體驗。清明到母親節間是盛產期，我們想用桑椹來做醋。

哪裡買　桃園新屋 / 九斗桑海田園

{紫蘇}

紫蘇也是公館的特產之一，六0年代自日本引進栽種回銷日本，後來式微了，反而遍布到常民的菜園子裡。紫紅色的紫蘇最適於醃漬用。

哪裡買　苗栗公館 / 公館鄉農會

{彩椒}

彩色甜椒來自苗栗三義的有機休閒農園，講究土壤介質，並採微生物防治，以達無農藥零污染。彩色甜椒不只是視覺鮮豔奪目，也讓心頭洋溢幸福。

哪裡買　苗栗三義 / 笠園有機農園

{黑鮪魚}

靠近台中向上市場附近的華美街，有間專賣生魚片等級的店，和老闆娘說明了我們的鮪魚要拿來煎一下下，她於是幫我們挑了尾段最嫩的部分，吃起來果眞很厲害。

哪裡買　台中 / 台記生魚片

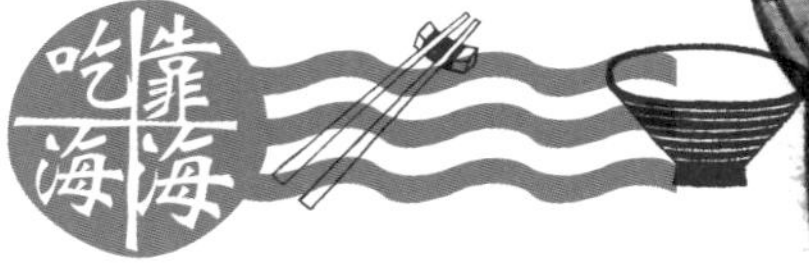

[黑鮪魚]

漁民慣稱牠叫「黑甕串」，是更勝烏魚子的「烏金」，動輒數百公斤的體型，全身是寶，魚肉中的極品。魚肚TORO是入口即化的頂級生魚片、魚背如松阪、下巴適煎烤、魚頭煮湯，是東港三寶中的第一寶。體會過黑鮪魚的美味，也了解過漁民的拚搏、饕客的追逐、店家的肢解秀，在我們無法得知牠們在海洋生態中所站立的位置前，人們便先學會了抓牠、吃牠，在一連串的經歷後，我不再興奮莫名，反而有些愧疚，這是我必須坦承的。

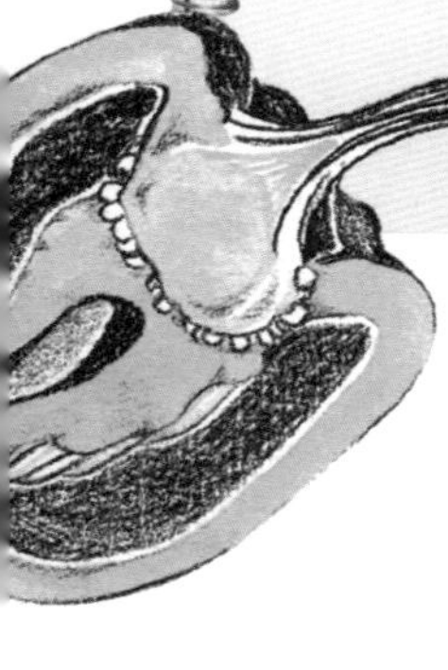

〔三菜一湯 過日子〕

想一下喔！

當春盡的時候，
夏就要來臨，
天氣越來越熱，
清涼便從食衣住行中漸漸顯現。
所以今日的三菜一湯全都是涼爽的作法，
黑鮪魚生魚片，
涼拌彩椒，
炒地瓜葉，
紫蘇桑椹飲，
不油膩，
讓你的胃輕輕又鬆鬆。

【有沒有冰雪聰明】

做這道紫蘇桑椹飲時，要一層冰糖一層桑椹，一層冰糖一層桑椹，不斷反覆添加，就像魔法般的口訣，我們的桑椹飲就絕對不會一下子太甜膩。

餐桌一定要美美的

油桐花大量開放，
盛一碗水放幾瓣桐花，夏彷彿瞬間沁涼起來。

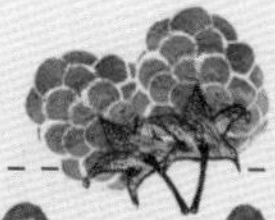

那先來準備一下

桑椹—適量

紫蘇葉—適量

愛有味道

冰糖—適量

【桑果汁】紫蘇桑椹飲

1. 將桑椹洗淨加入冰糖熬煮，待滾了之後轉小火慢慢熬。
2. 大鍋約熬4小時、小鍋約熬2小時，待涼後，放進冰箱。品嚐的時候加1片新鮮的紫蘇葉就很好喝。

RECIPES

[喝法一]

[喝法二]

菜【咕溜咕溜】黑鮪魚生魚片

• 買生魚片等級的黑鮪肉魚2條，切成4塊入鍋。

❶ 每面各沏一下，表皮稍稍變色即可。

• 再立即放入冰水中（可保品質）。

❷ 準備1個真空袋，放進1碗冰塊水。

• 之後將4片魚肉及醬汁放進真空袋中封起來。

❸ 丟進冰箱冷藏數小時。

• 拿出來切小片加上細蔥即可享用那入口即化的口感喔！

1

2

3

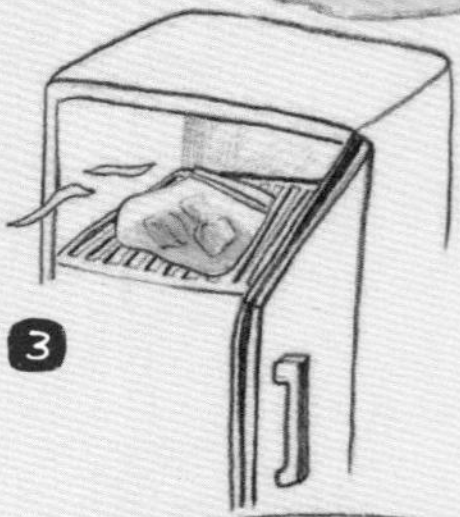

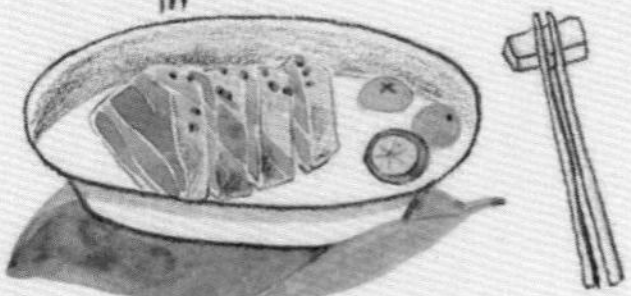

［吃法一］

［吃法二］

白蘿蔔也可以這樣搗喔

因爲一時找不到搗泥器，冰雪聰明種籽的男人拿出了擂茶的碗公，將白蘿蔔往下壓轉轉轉轉轉，如雪泥一般的白蘿蔔出現了，比用搗泥器美麗許多。

菜【大廚地瓜葉】炒地瓜葉

如此家常的地瓜葉躍上了食譜……
怎麼如此簡單的料理？
一定要讓它火速升級！
首先將地瓜葉梗會刮刮的地方挑起，
將葉子和梗分開；
放入蒜頭炒香，先加入地瓜葉的梗拌炒，
再加葉子與一些水，
蓋上鍋蓋，煨一下，直到地瓜葉爛爛的。
煮越爛，地瓜葉吃起來會越甜，
有稠狀即可關火起鍋。

大廚級的盛盤法

將地瓜葉堆得高高的，將蒜頭挑出隨意放在頂部或周圍，簡單的技巧在視覺上地瓜葉就高級了起來。

菜【炭繽紛】涼拌彩椒

1. 準備紅、黃彩椒各3顆，將彩椒整顆拿去炭烤，烤至表面焦就好。
2. 如此就容易剝皮，剝好皮的彩椒洗淨後對切。
   - 裡頭的湯汁非常甜喔！倒入碗中備用。
3. 再將彩椒一一切絲。將紅蔥頭切一圈圈及蒜末加入彩椒碗中，拌一拌。
   - 再加入橄欖油、現擠柳丁汁、少許胡椒，以及切細碎的檸檬皮、現擠檸檬汁及少許鹽，若是不夠酸再加醋。
4. 最後整碗放進冰箱中冷藏，冰過之後即可吃到酸甜多汁的美味囉！

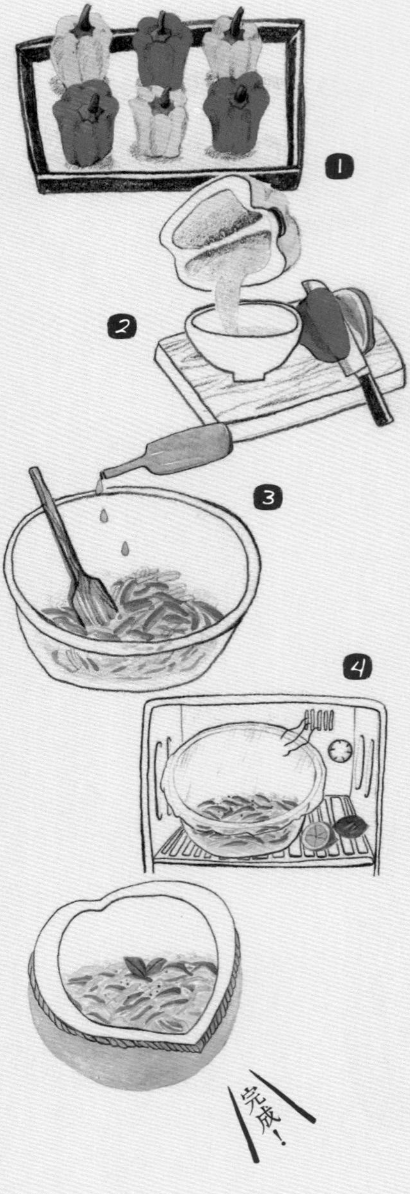

立夏

〔節氣 餐桌〕立夏

吃飯不該汗流浹背，吃飯不該侷限在餐廳；
找一處蟬鳴最大聲，靠近大樹的地方，自在的吃吧！

小滿〔今天〕

小得盈滿　日黃熟
似懂非懂地長期承諾著小草

〔交節日〕國曆5/20-22

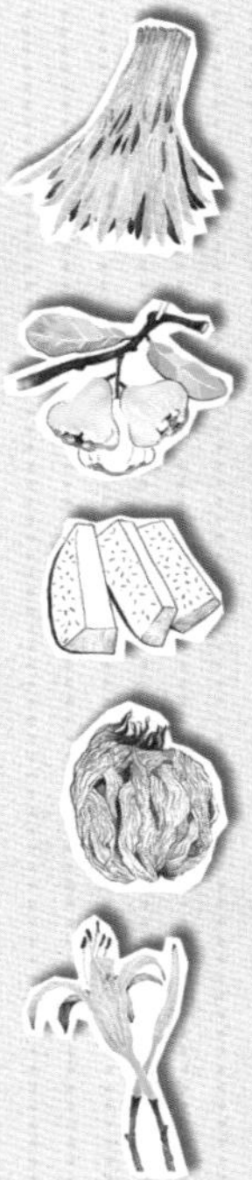

稻穀行將結實
梅雨季節開始
老天的連續落雨
讓農家人的心
跟著浮沉
此時的雨滴聲是緊張的

【空心菜】

產季：全年都有，但屬4至5月最甜脆

產地：彰化、雲林、嘉義、屏東地區

【黑木耳】

產季：全年

產地：嘉義中埔是黑木耳的主要產地

【梅干菜】

產季：冬產芥菜，鹽醃晒乾後成為梅干菜，全年都可享用

產地：竹苗地區

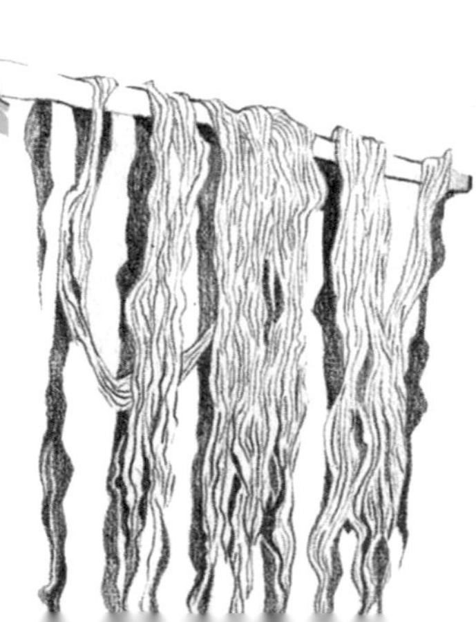

菜市場

{黑木耳}

到了吃木耳的季節就會想念那脆脆的口感，所以本次挑選了嘉義中埔出產的有機黑木耳。不用吃，在切的時候就聽見它發出脆脆的美妙聲響了。

哪裡買　嘉義 / 中埔

{梅干菜}

每個人心中都有一道梅干扣肉菜吧？！我們下功夫找了公館農會所推出的梅干菜，他們貼心的將梅干切成小段，讓一般主婦好取用，只要將裡頭的沙粒洗淨即可料理。

哪裡買　苗栗 / 公館鄉農會

{曇花}

所謂曇花一現，曇花開得快也謝得快，一開就會充滿香氣，趁開時摘下它來煮個雞湯，老人家都說這顧腸胃也顧氣管。

哪裡買　可至社區尋覓，都有人種植

{屏科大薄鹽醬油}

本次的菜餚裡，我們用了屏科大自行研發的薄鹽醬油膏，其味甘醇順口；只要煮個麵線配上醬油膏就能在簡單中吃出好味道。

哪裡買　屏東科大宅配

「曇花」

產季：5月下旬

產地：各地皆有，大多在自家種植居多

〔三菜一湯 過日子〕

想一下喔！

小滿，是夏季的第二個節氣，
農夫們這時開始期待著豐收的季節來臨，
既然是值得慶賀的日子，就來點豐富的菜色吧！
客家媳婦拿手的梅干扣肉，
加上爽口的空心菜炒筍絲、當季的鳳梨炒木耳，
最後來一鍋顧腸胃的曇花雞湯，
又飽足又清爽，完全讓人心情大好胃口大開。

餐桌一定要美美的

今天我們的院子特別雅緻，選一株院子裡種的射干，
用沉穩的花器插著，反而可以看見那橘黃色紅點點的芳美。

【有沒有冰雪聰明】

料理梅干扣肉時，有一個冰雪聰明的方法。

[讓肉迅速入味]

煮一鍋熱水，將五花肉或梅花肉下去汆燙，待肉色稍微變白後取出，用牙籤在肉上不斷戳洞，再用醬油醃一下，讓有細孔的肉一下子就可以吸飽醬油上色，再下去與梅干菜料理時就會更加入味了。

曇花一現如是說

「曇花一現」一詞源自佛經「汝等當觀，如來時時出世，如優曇缽花時一現耳。」意爲高人難得一時出現，這「優曇缽花」是印度梵語「優曇缽羅花」的簡稱，成語簡化爲「曇花」，「曇花一現」指美好事物稍縱即逝、不長久之意。而我們所認識的曇花，更多人叫它「瓊花」，只是它開花特性與成語所言神似，於是叫它曇花，此曇花應與佛經中的高潔優曇缽花應該有一段差距。我們台灣的曇花，就叫它月下美人、瓊花好了。

【月下美人湯】曇花雞湯

得來不易的曇花，小心保存著，
撕成一絲絲，花瓣成了花絲，
讓湯滑不溜丟，咕嚕一聲就喝下肚，
暖了五臟和六腑。

1. 先起一鍋熱水，將全雞切塊汆燙，去除血水。
2. 將曇花撕成一絲絲，口感吃起來就會脆脆的。
3. 煮雞湯，起一鍋水，加入老薑和去掉血水的雞肉塊一起煮。

- 先大火，待滾了之後以小火滾約1小時。
- 最後加入曇花絲，再滾一次即可。

那先來準備一下

曇花—4~5朵
全雞—1隻
老薑—姆指量

愛有味道

鹽—適量

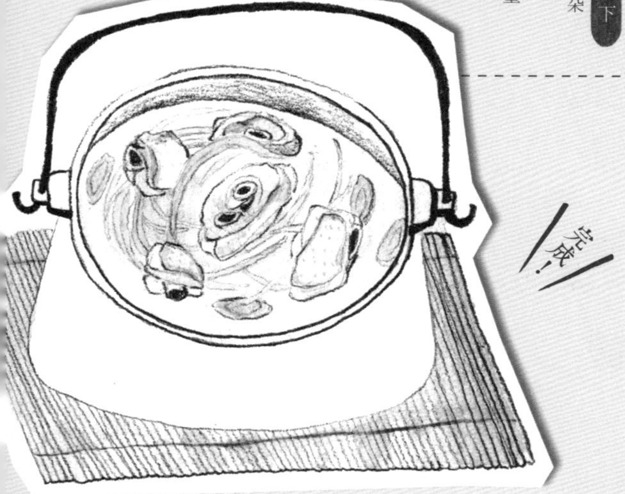

RECIPES

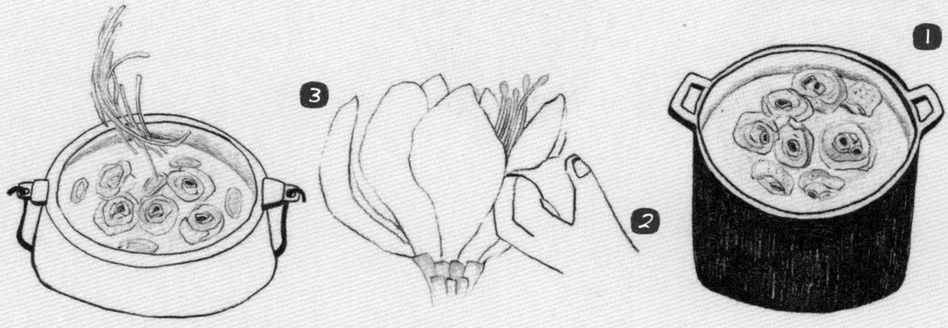

曇花小栽堂

這曇花屬於仙人掌科，葉已退化成莖狀的多肉植物，生性強健、容易栽培，無論是屋頂陽台、庭院牆角都可以藉它綠美化，又它繁殖容易，走在社區裡處處可見。我們也來種株月下美人，只要截一段莖狀葉（1、2年生）約20、30公分長，斜插入土保持土壤溼潤，不到一個月便生根抽芽成為獨立株了。

菜【梅干扣雙肉】梅干扣肉

1. 將梅干菜洗淨至完全無沙粒後，泡水，泡至梅干開。
2. 煮一鍋熱水，將五花肉或梅花肉下去汆燙，待肉色稍微變白後取出。
3. 用牙籤在肉上不斷戳洞，再用醬油醃一下，起鍋放油開始煎肉塊，煎至肉香出來表皮有焦色。

   做醬汁：取一小碗加入醬油、醬油膏、老薑絲、嫩薑絲、蒜頭、辣豆瓣、辣豆腐乳、紹興酒，均勻攪拌。
4. 將洗好的梅干菜加入醬油、嫩薑、香油。
5. 此時將煎好的肉切成一片片。

- 開始炒梅干菜，用原先煎肉的油放入嫩薑炒香，再放入梅干菜，最後加入紹興酒和醬油拌炒一下，梅干菜的準備即可完成。

小滿

蒸煮法 [作法一]

取一圓盤，將切好的肉片均勻塗上醬汁，再放入炒好的梅干菜，開始蒸，待水滾了之後轉小火熬煮，約2小時，滿室皆爲梅干香。盛盤的時候將盤子反倒，形成梅干鋪底，肉在上的最佳畫面。

陶鍋煲法 [作法二]

將切好的肉片均勻塗上醬汁，再放入炒好的梅干菜、加一些水，開中火煮，滾了之後關火，讓陶鍋自己滾，再開火滾再關火，一滾一關反覆操作約三次左右，美味細緻又爽口的梅干扣肉就完成了。

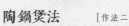

陶鍋哲學

最喜愛，用陶鍋來料理，
會讓心靜下來。
太急容易疏忽而操作不當，造成陶鍋龜裂，
就是要你放慢腳步，以文火對待它，
它自然就會以不凡的味道回饋你，就算熄了火，
它也不會馬上降低熱情。

菜【綠柳絲】空心菜炒筍絲

- 將嫩薑切絲，加一點鹽和筍絲一起攪拌，
- 先炒筍絲，加些水拌炒，
- 再放入空心菜拌炒，
- 盛盤時記得要堆高高，菜就會看起來更好吃！

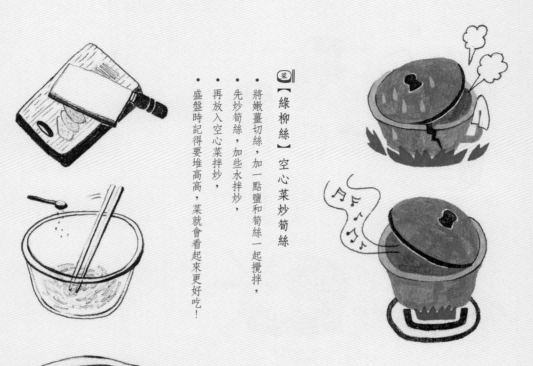

菜【黃金鳳耳】鳳梨炒木耳

1. 酸菜買有葉子的，切成細絲，加入醬油抓一抓。
   - 將五花肉切成絲。
   - 木耳及嫩薑也切成絲。
2. 開火先放蒜，炒香後加入新鮮鳳梨塊。
3. 再加入酸菜拌炒，加一點水煮至甜味出來。
   - 再放入木耳炒一下，最後加點鹽。
4. 起鍋後撒上蔥花，就是一盤色香味俱全的清爽菜色。

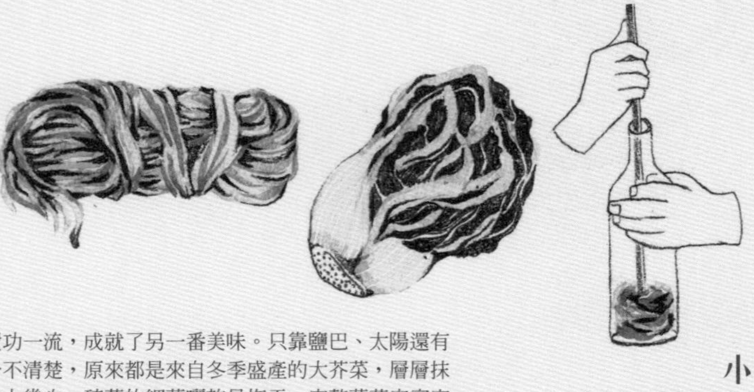

小滿

客家人的鹹菜文化

因爲成物不毀，勤儉持家，客家人的漬功一流，成就了另一番美味。只靠鹽巴、太陽還有時間，福菜、梅干菜、芥菜讓人傻傻分不清楚，原來都是來自冬季盛產的大芥菜，層層抹鹽、大石重壓、發酵、日曬幾個步驟輪上幾次，碎落的細葉曬乾是梅干，完整葉莖密實塞入瓶中厭氧是福菜，還有整個溼潤的是酸菜，以鹽、太陽、時間三元素拿捏變魔術。

〔節氣 餐桌〕小滿

暑氣難消的日子裡，如果今天剛好有徐徐微風，
不如就在自家的院子裡擺個小宴，
一兩道功夫菜，一兩道清爽菜，
配上朗朗蟬聲，也是一種體驗夏的自然樂。

芒種

〔今天〕

芒種端陽 快樂橘
好實好果 永遠都只是啓蒙
每活一天 我更確定一點

〔交節日〕國曆6/5-7

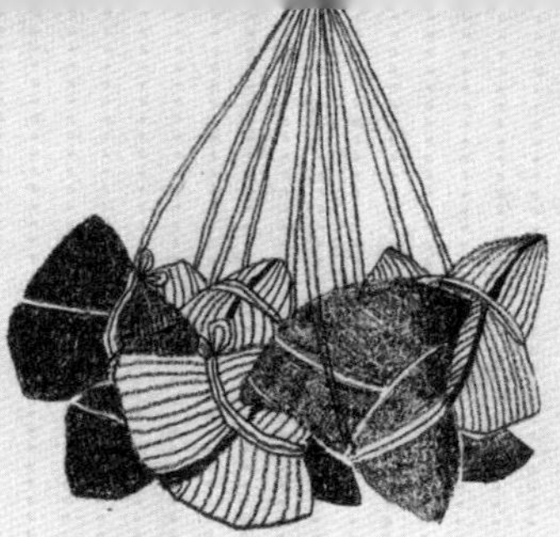

「芒種逢雷美亦然，端陽有雨是豐年」

芒種時節之雨水
預兆豐年
剛好又遇上端陽
芒果遇上粽子
那會是什麼樣的節

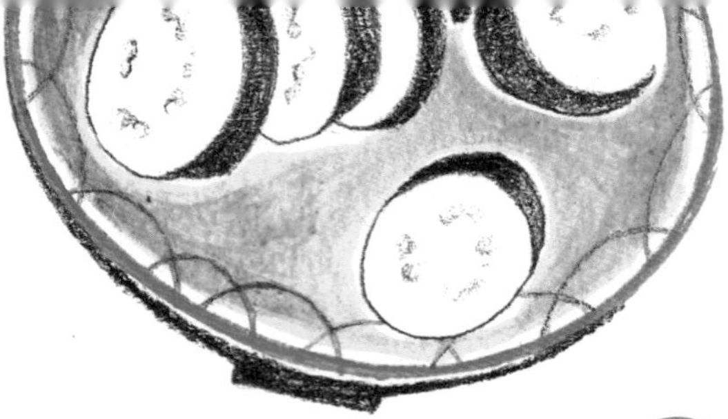

靠山吃山

［麻芛］

產季：夏季盛產

產地：彰化以北、豐原以南少有栽種，是中部地區特產。台中的南屯區，土地肥、水質美，又有大肚山台地阻擋著冬季的東北季風，最適合種麻芛，堪稱為「麻芛的故鄉」

［花生］

產季：6月至8月

產地：雲林為主要產區，佔全國70%，其次為彰化、嘉義、花東

［愛文芒果］

產季：5月至11月

產地：台南、屏東

［茄子］

產季：全年

產地：南投，彰化，雲林，高雄，屏東

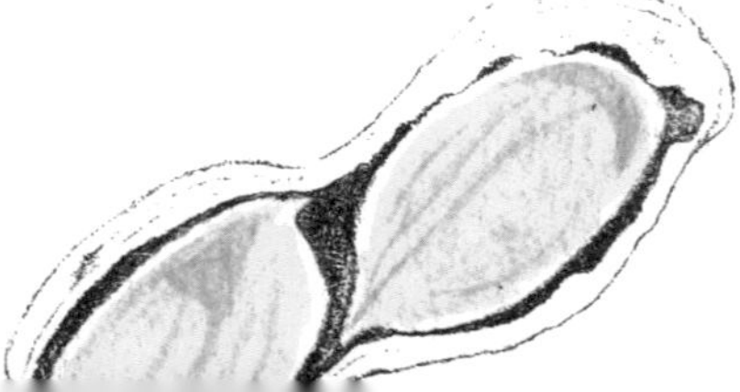

菜市場

{愛文芒果}

「Mango House芒果好吃。」是屏東縣優質農產品生產合作社所創的品牌，施用有機肥，疏果、整枝、套袋，讓每顆芒果得到充分養分，以及接收南國的太陽。

哪裡買 屏東枋山 / Mango House

{茄子}

花蓮瑞穗蔬產二班的優質茄子屬長管型尖尾茄，外皮呈深紫褐色、表皮亮澤、茄肉硬脆。烹調之後，茄肉如麻糬一樣Q綿、風味獨特。

哪裡買 花蓮瑞穗 / 蔬菜產銷班第2班

{花生}

花生來自台東鹿野的五兄妹無毒農莊，採無毒栽培，天然日曬人工剝殼及篩選，粒粒肥碩。

哪裡買 台東鹿野 / 五兄妹無毒農莊

{麻芛}

每到了夏季，台中的市場便會有人賣起麻芛湯，鹹甜鹹甜的那滋味是屬於台中人的，遠道而來的朋友還眞要試試這特別的滋味。

哪裡買 台中向上市場

{地瓜}

要和麻芛湯一起煮的地瓜，一定要挑新鮮的口感才好，走一趟市場就可以挑到剛出土的地瓜，來自大度山。

哪裡買 台中向上市場

{小黃瓜}

要做三明治的小黃瓜因爲要生吃，所以一定要買有機的才會吃起來水水的。

哪裡買 台中新社 / 園情蜜意

〔小黃瓜〕

產季：全年

產地：3月至11月／苗栗，台中，南投，台南，花蓮

12月至次年2月／高雄，屏東

〔地瓜〕

產季：全年

產地：新北金山，三芝、苗栗，台中大雅、沙鹿，

雲林，彰化

〔三菜一湯 過日子〕

芒種

餐桌一定要美美的

將小小朵的雞冠花一朵朵束成一束，
取三個不同色的花器來放，
再加上一根春蘭葉，紅嬌綠豔一整個大器的不得了。

想一下喔！

雖然此芒非彼芒，
芒種到了，走進市場，
滿室的芒果香氣，
完全蓋過其他琳瑯滿目的食材，
這個時節就應該辦一場芒果的嘉年華才對。
大口吃芒果、喝芒果冰沙、咬一塊芒果三明治，
現在誰都不准搶當主角，只有芒果一枝獨秀。
所以我們爲芒果精心策劃了：芒果鴨肉三明治，
搭配塔香茄子豆腐及夏日必備的花生豆腐，
最後再來一道台中的名湯：麻芛地瓜湯。

【有沒有冰雪聰明】

[麻芛搓搓樂]

將挑好的麻芛放進細孔較大的胚布中，開始搓，慢慢將苦水搓出，搓越久麻芛在吃的時候就越不苦，直到搓出漿，感覺葉子細細的即可。如果你是可以吃苦的，就不用搓那麼久，反而可以吃到麻芛特有的苦甘。

[麻芛撕撕樂]

處理麻芛葉的時候，可以出動全家老小一起撕，從葉柄的那端沿葉脈往下撕，留下嫩葉不要梗脈。

蟲蟲不愛的麻芛

處理麻芛葉可洗也可不洗，因爲葉子是苦的，連蟲蟲都不愛，所以不會有蟲害，原來蟲蟲也怕苦愛甜的。

湯

【在水芛方】麻芛地瓜湯

此道麻芛地瓜湯，人們採下黃麻的嫩葉，經揀、搓、揉、洗四步驟去除苦味，煮出特有的消暑麻芛。

那先來準備一下
- 麻芛—1把
- 地瓜—1塊
- 吻仔魚—1小撮
- 秋葵—2~3根

愛有味道
- 鹽—適量

1. 先處理麻芛，從葉柄沿脈往葉尖撕，留下嫩葉，去葉梗、葉脈。
2. 將挑好的麻芛放進細孔較大的胚布中，開始搓，慢慢將苦水搓出，搓越久麻芛在吃的時候就越不苦，直到搓至出漿即可。
   - 取出搓好的麻芛加入鹽抓一抓。
3. 將地瓜切適口的小塊狀，放入已煮好的熱水中。地瓜的選擇可以挑黃的、紫的、紅的，湯煮起來的顏色會更漂亮。
   - 依序將吻仔魚放進地瓜湯中，將帶有鹽份的麻芛放入。
4. 最後是加入切成星星狀的秋葵。
5. 待滾了之後馬上隔水降溫，最方便的方式就是事先在浴缸放好涼水，麻芛湯一好就可放入，待涼即可享用。
   - 這是以前農家最常煮的一道常民料理，就和以前的刈稻茶一般，農忙後農家媳婦煮的補氣湯品。

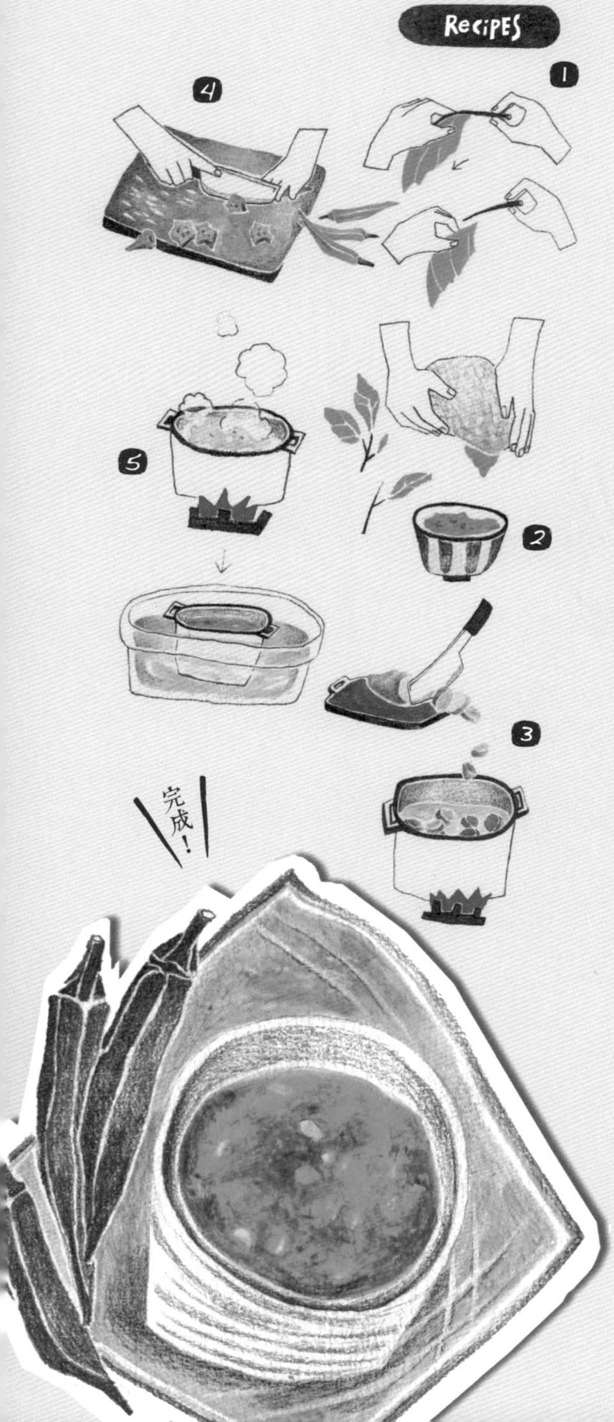

【塔香茄子堡】塔香茄子豆腐

- 將茄子縱剖一片片切開。
- 把茄子放入鍋中煎，油可多放一些，煎一下子撈起備用，可讓茄子保持漂亮的色澤。
- 取一傳統白豆腐切成大大正方形，下鍋煎至恰恰，取出備用。
- 再開火放入剛煎好的茄子，加一點鹽及水拌炒一下，再加一點醬油，最後放入九層塔炒一下即關火。
- 將煎好的豆腐片開，形成正方形片。
- 取一豆腐片，依序放上茄子、九層塔，再重複一次，最後放上一豆腐片。
- 如此便會形成一個雙層的塔香茄子堡，最後再用牙籤固定，就是一個美味又健康的漢堡包。

讓茄子顏色漂亮的小秘訣

將切好的茄子，放進鹽水中浸泡，
這樣煮出來的茄子就不會變色囉。

芒果對對碰

芒果很平易近人，跟許多水果都可以成爲搭檔。
芒果+鳳梨/甜而不膩
芒果+蘋果/香甜飽嘴
芒果+奇異果/酸甜爽口
芒果+火龍果/三分甜得剛剛好

菜【法式迷芒鴨三明治】芒果鴨肉三明治

- 香菜洗好先泡水。
- 將芒果切成小丁狀後，加入八角粒2顆及些許冰糖，開始熬煮芒果醬，滾了之後開小火慢慢熬煮。
- 要不斷攪拌，最後加入新鮮檸檬絲和檸檬汁，起鍋後加白胡椒粉。
- 喜歡吃有顆粒的不用熬太久，喜歡綿密的熬久一些。
- 此時烤箱先用200度預熱，再將法國麵包對半切放入約烤3分鐘。
- 待麵包烤好果醬也熬好，開始組裝。
- 將法國麵包從中間切開，但不可切斷，裡頭依序加入小黃瓜絲、鴨肉片、芒果醬、薄荷葉，最後是新鮮的芒果丁。
- 一個芒香四溢的鴨肉三明治完成，並可依個人喜好切等量大小。
- 另一吃法，也可加入洋蔥絲，讓口感更水喔。

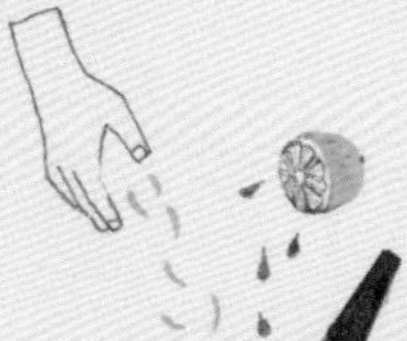

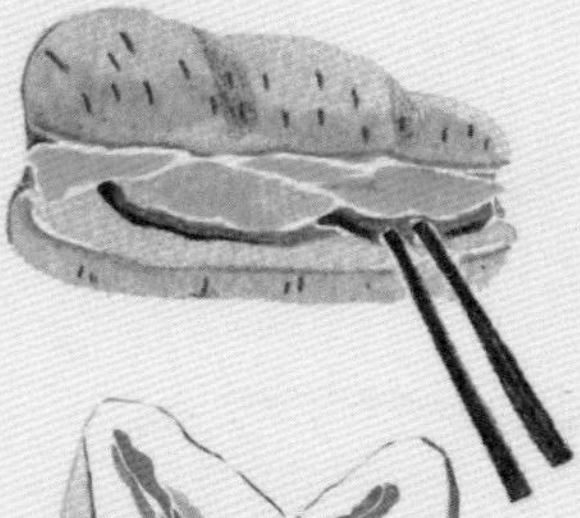

菜［芒果加菜篇］青青芒果冰沙

將切好的芒果丁，放進冷凍庫中，當其形成芒果冰塊後，放進冰沙機中，加入薄荷即可。如此不加水打出來的芒果冰沙，絕對細緻滑嫩，又可吃到純天然的芒果香氣。這種簡單到不行的作法，也可改用其他當季的水果喔！

［烤鴨哪裡買］台中美村路北平烤鴨

位於台中市美村路的北平烤鴨，每每還未到時間便已大排長龍，是許多老台中饕客必吃美味。金黃酥脆的外皮深得人心，鴨肉更是嫩到恰似其分。

［法國麵包哪裡買］台中羅娃麵包

帶著對麵包的熱忱與理想，在距離家鄉2905公里的國度，野上先生於1999年創立台中羅娃麵包坊！絕不使用任何人工添加物，採用天然酵母及各種上選原料，烘焙出無可替代自然發酵的美味產品。

看花生穿的衣服，挑個好花生

因爲花生的種皮會因日曬、高溫、氧化等因素，儲放越久，種皮顏色越深，新鮮花生種皮多爲肉色或粉色，成熟花生顆粒飽滿，不會因乾燥而皺縮。

菜【花生豆腐ㄉㄨㄞ】花生豆腐

- 花生取300克，約量米杯3杯的量。
- 將花生泡水約泡1小時，若是當季的新鮮花生，只要泡20分鐘即可。
- 煮一鍋水放入花生，滾了之後撈起去皮。
- 去皮後瀝乾，用5個量米杯的水下去打成漿。
- 取出花生漿再用茶藥袋濾出花生渣，再倒入鍋中。
- 將一半的再來米粉與地瓜粉及2杯水打散，成為米漿。
- 將花生漿加熱，一直攪拌。
- 滾了之後慢慢加入米漿，此時會越來越濃稠。
- 約煮7~10分鐘後熄火。
- 倒入保鮮盒器皿（保鮮盒須先擦乾後再塗上一層油）。
- 室溫放涼，再放入冰箱冷藏約4~6小時。
- 盛裝時，用蕉葉鋪底，放上花生豆腐。
- 淋上醬油膏並加入些許芹菜小絲，最後灑下白芝麻即可。

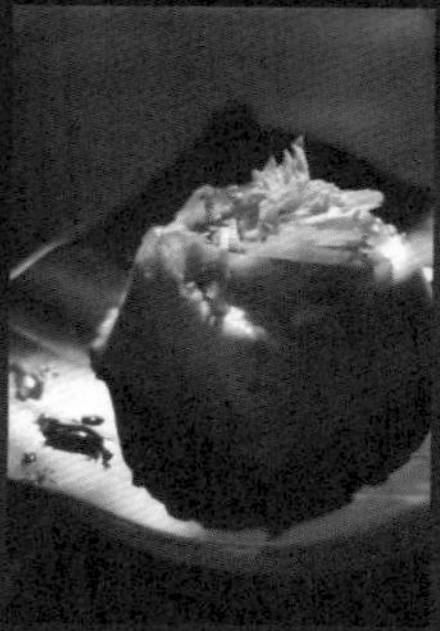

〔節氣餐桌〕芒種

走到哪裡，芒果的甜香好似絲絲細語，
彷彿在向人說，我是在地、我最當季、我最道地，
於是處處都有因芒果而起的人潮，
芒果嘉年華，不只在餐桌，也在街頭。

夏至

〔今天〕

夏至荷 仙女紅
因為和夕陽 這生才相逢
總是將白晝 戀成最長的一日

〔交節日〕

國曆6/20-22

夏至，風颱就出世
走出梅雨季，走進颱風期
西北雨，直直落
雨勢急、區域小
可以田東有雨、田西晴

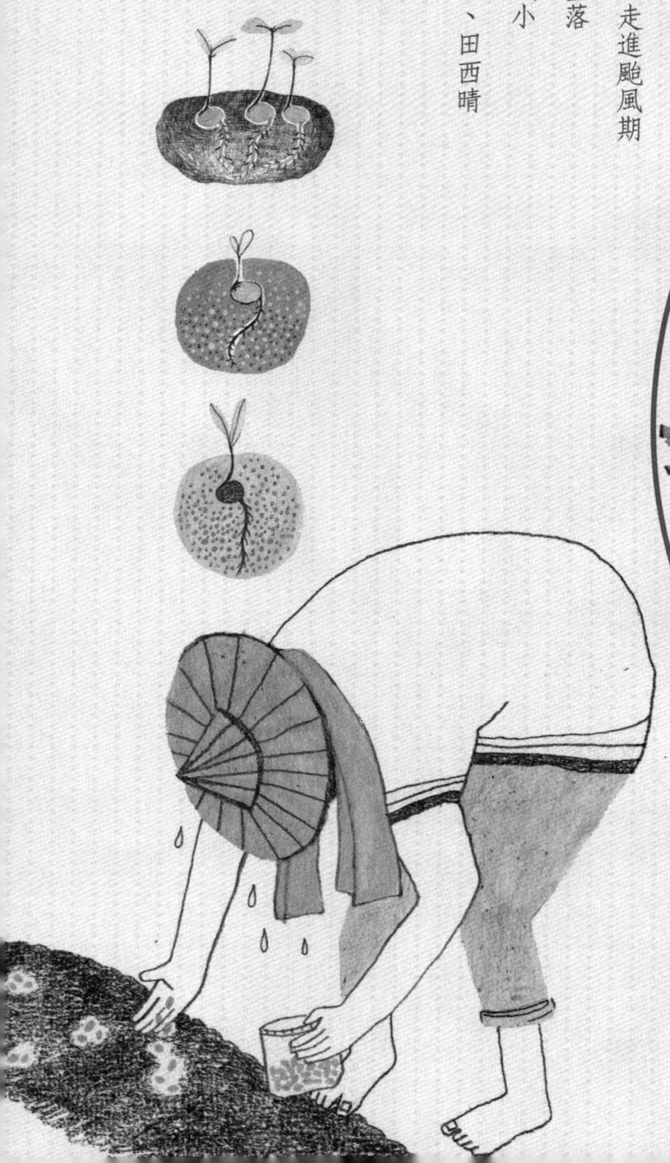

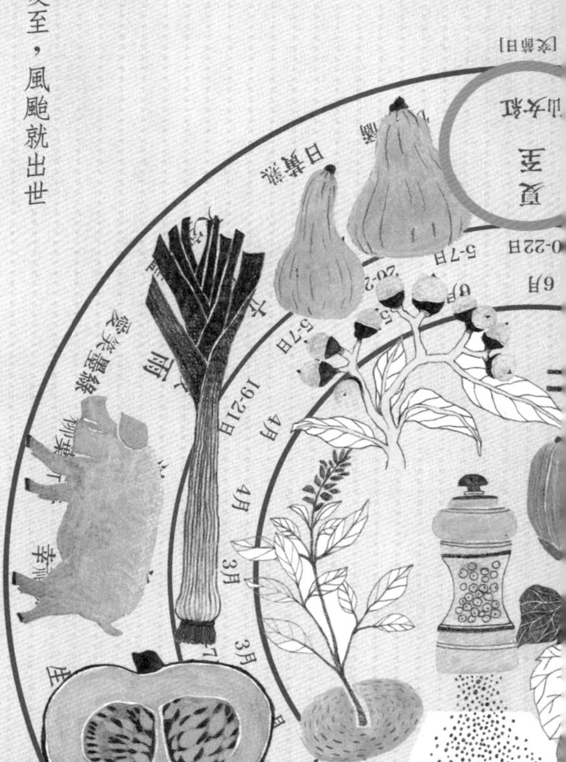

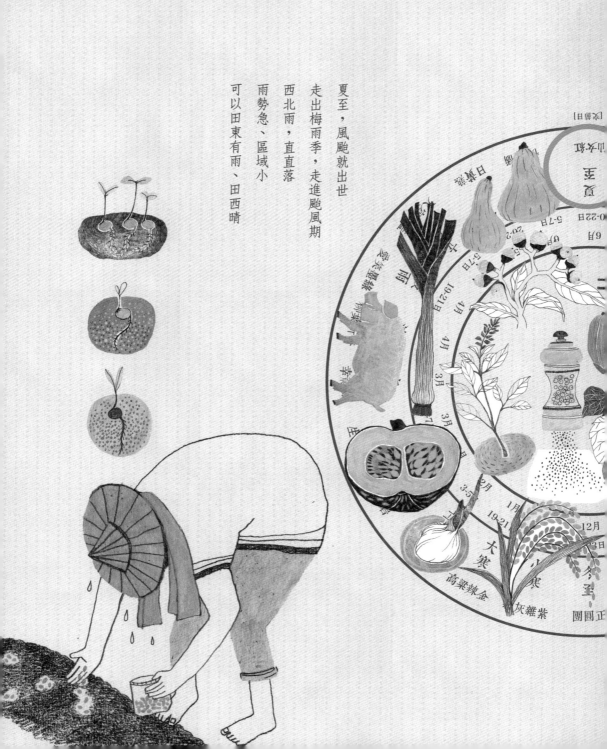

靠山吃山

[米]
品種：高雄145號

[瓠瓜]
這個瓠瓜，怎麼長得那麼可愛！
產季：6月至7月
產地：台中新社，雲林，嘉義

[五花肉]
俗稱三層肉！

[破布子]
清明開花，夏至採收
產季：6月至7月
產地：中南部盛產

[南瓜]
產季：幾乎四季皆產，5月至6月
產地：宜蘭，新竹，苗栗，南投，彰化，雲林，花蓮，台東

夏至

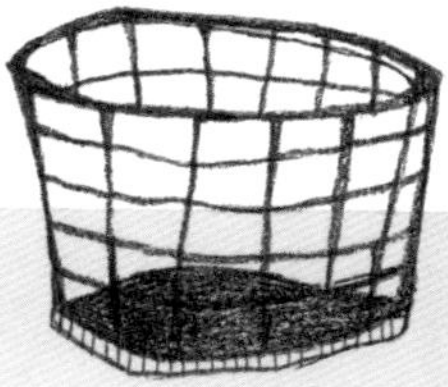

菜市場

{瓠瓜}

圓滾滾的瓠瓜，在菜販老闆娘的架子上排排站，老闆娘說，這些瓠瓜都是早上剛從新社採下的。由於實在太喜歡了，忍不住和老闆娘說，可以都賣我們嗎？

哪裡買　台中向上市場，向上路入口處，走入後左手邊第一家菜販，是由一對母女共同經營。

{破布子、白豆包}

前幾天我們和常去買的豆類製品攤販，訂了要使用的破布子和白豆包，聽說是來自於一個清水阿嬤的老手藝。

哪裡買　台中向上市場，向上路入口處，走入後右手邊第一家賣豆干的攤販，現在由媳婦在經營。

{米}

這次我們使用的品種是高雄145號。

哪裡買　台中苑裡／胖叔叔私房農園

{手工豆腐乳}

是向台中元園廖媽媽的店訂購的，若有要去買，記得要先撥個電話預定喔！因爲純手工製作的關係，所以一次製作的量並不會太多。

哪裡買　台中／元園廖媽媽的店

{侯師傅的陶鍋}

煮粥，就要有個厲害又美美的鍋。於是我們到霧峰侯清源老師的工作室，這天我們不僅帶回了美美的鍋子，也嚐到了侯老師妻子的陶鍋料理。好幸福的一天。

哪裡買　楓樹陶坊

靠海吃海

「櫻花蝦」乾貨

產季：全年皆可買到乾貨，新鮮的櫻花蝦則是盛產於11月至次年5月

因為櫻花蝦的殼身花紅，東港人稱「花殼仔」，日本人因牠群聚不透光的深海，群聚發光的蝦體宛如櫻花盛開，而得此美名。

產地：屏東東港

夏至

餐桌一定要美美的

朋友從苗栗公館帶回來的新鮮棗子！
現在也是盛產期，
隨意的擺在桌上也很美。

〔三菜一湯 過日子〕

想一下喔！

節氣裡，辦派對，
聚在一起，品嚐很生活的味道。
生活裡的派對，不需要太多的裝飾，
常民料理，其實就是我們常吃的，
所以這道瓠瓜鹹粥，就是在這個炎熱的季節，經常煮的一道料理，
搭配破布子炒豆包，絕配。

【有沒有冰雪聰明】

[冷炒也會香]
「用冷油的狀態(不用等到油熱)下去炒食材，
這樣比較不會有油煙，對煮飯的人也比較健康喔！」

粥黏鍋了！免驚！
假如不小心粥黏鍋了，先熄火並將鍋子移開電陶爐(瓦斯爐則不需)，
靜待約莫5～10分鐘，再用湯勺鏟起白粥黏鍋處即可，這是運用水蒸氣原理。

切瓠瓜方式

[切絲]

[切片]

【頂呱呱】瓠瓜鹹粥

「呷這粥，會熬大漢喔！」（台語）

- 先煮白粥。

❶ 比例2杯米：8杯水。

- 以中火開始熬煮白粥。
- 需預留3杯水的加水量，所以先加5杯水即可。
- 因為炒瓠瓜過程中，會再加入約一瓢高湯（水分會蒸發），所以當炒完瓠瓜，並加入白粥後，再以最後的濃稠度做調整，再看看，需要加多少瓢高湯。
- 我們這個沒有SOP（標準操作流程），自己煮過幾次後，以自己的經驗數值最精準。
- 再來就是很重要的一點，要記得適時攪拌喔！
- 粥顧好後，就來準備炒恰恰。

❷ 將五花肉切絲（撒點鹽巴，靜置數分）。

- 將瓠瓜切絲，比較快熟到軟爛（把瓠瓜切得像扇子打開）、蒜頭切丁。
- 然後，以冷油的狀態（油剛倒下去，剛加熱的狀態），把五花肉炒到恰恰！

❸ 放入大約是五隻手指頭抓起的櫻花蝦量，拌炒。

❹ 再放入蒜頭，炒炒炒。

- 要放入下一個料炒時，要先聞到前一個食材炒的香味，再放。
- 這樣才會讓每個料都有味道！

❺ 放入瓠瓜，並加入2~3瓢高湯，大火炒至瓠瓜變軟。

- 準備加入煮好的白粥鍋內，加鹽調味，灑上白胡椒粉。

❻ 蒜苗切片、芹菜切碎塊，想加的就自己再加進去吧！

- 熬大漢的粥，完成！

那先來準備一下

米—2杯
瓠瓜—約半顆
五花肉—約50g
櫻花蝦—適量
蒜頭—2~3顆
蒜苗—1支
芹菜—1把

愛有味道

鹽—適量
白胡椒粉—適量

吃粥，就要來塊【豆腐乳】

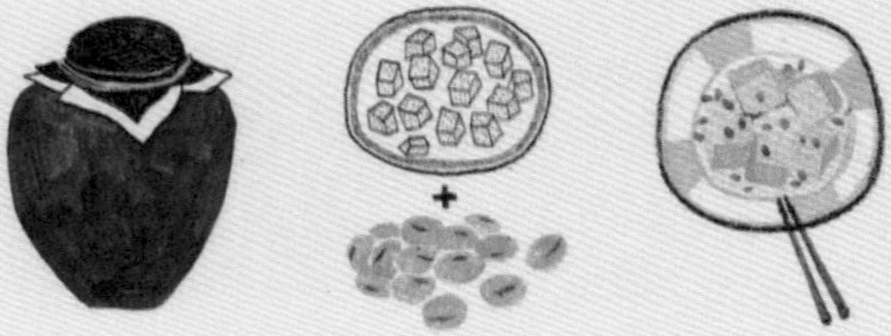

用土罈封存發酵的豆腐乳、泡菜、糯米酒釀，
一缸一甕靜靜置於屋簷角落。
我時時要走近去，把耳朵俯貼在罈面上，
彷彿可以聽到那平靜厚實的穩重大缸下醞釀著美麗動人的聲音。

–蔣勳【無關歲月】–

夏至

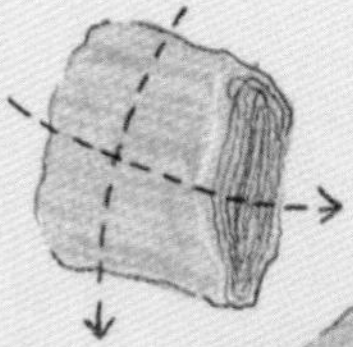

菜【豆包破了】破布子炒豆包

破布子的甜鹹，
九層塔的香味，
都入了豆包裡頭，
記得，要切得美美的，要加入粥一起吃，而且要吐籽。

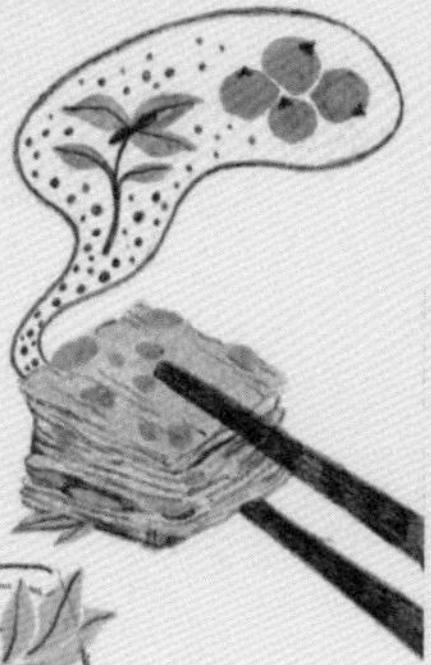

有捨有得的 破布子精神

破布子樹的生長很有個性，
收成時，不管有無結果，都得砍，
否則明年就不會開花結果了。
屬於越砍長越旺的剛強性格，
即使只剩下主幹，明年依舊果實纍纍。

夏至

小飲【夏天就應該來瓶啤酒！】

躺在浴缸裡的啤酒，
泡著滿滿的冰塊，光看就解暑氣。
愜意地灑上幾朵現在盛開的野薑花，
海尼根的綠、野薑花的黃，
咕嚕咕嚕的暢飲夏天。

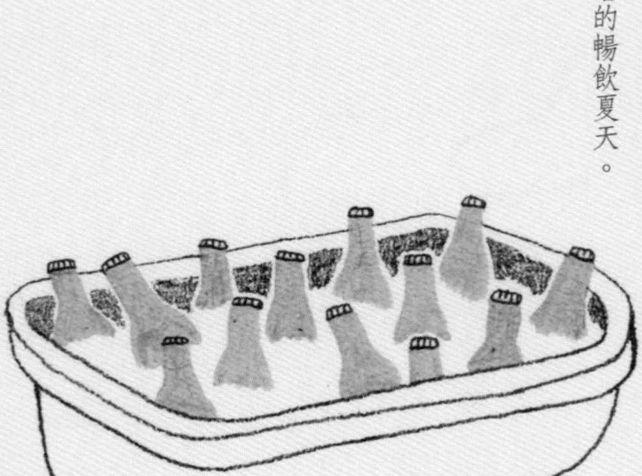

菜【南瓜燜燒】

吃粥容易餓，
所以建議可以再來加個現在也盛產的瓜類料理。

〔節氣 餐桌〕夏至

這天，天氣很熱，
第一次辦派對，有點緊張，
不確定它的樣子，是不是我們要的，
但，當我們開始去做之後，
每個人都在微笑。

〔交節日〕國曆7/6-8

小暑

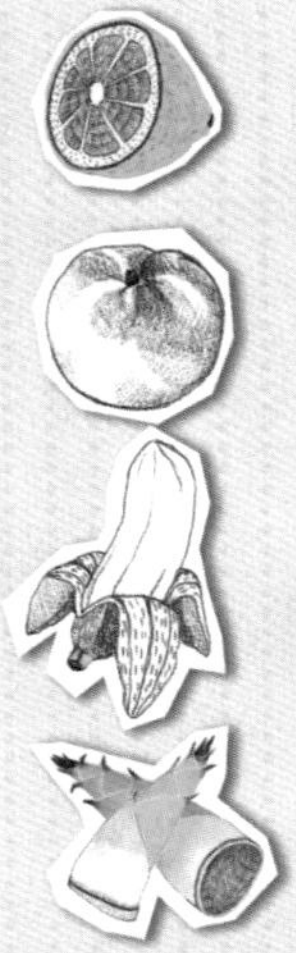

〔今天〕

小暑知了 童年綠
我要再像那年夏天那般專注地為你創作

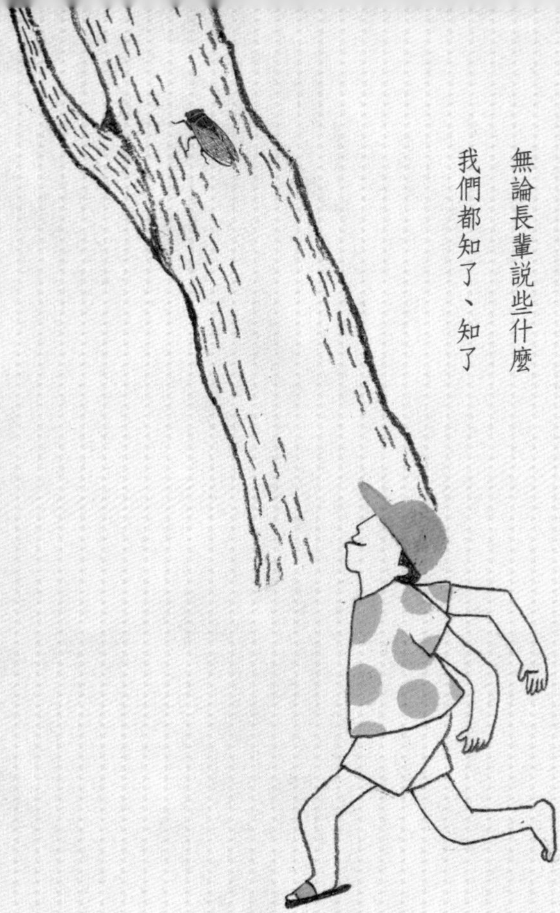

小暑
正在預告夏的熱
小暑大暑無君子
六月初一，一雷壓九颱
小暑驚東風
無論長輩說些什麼
我們都知了、知了

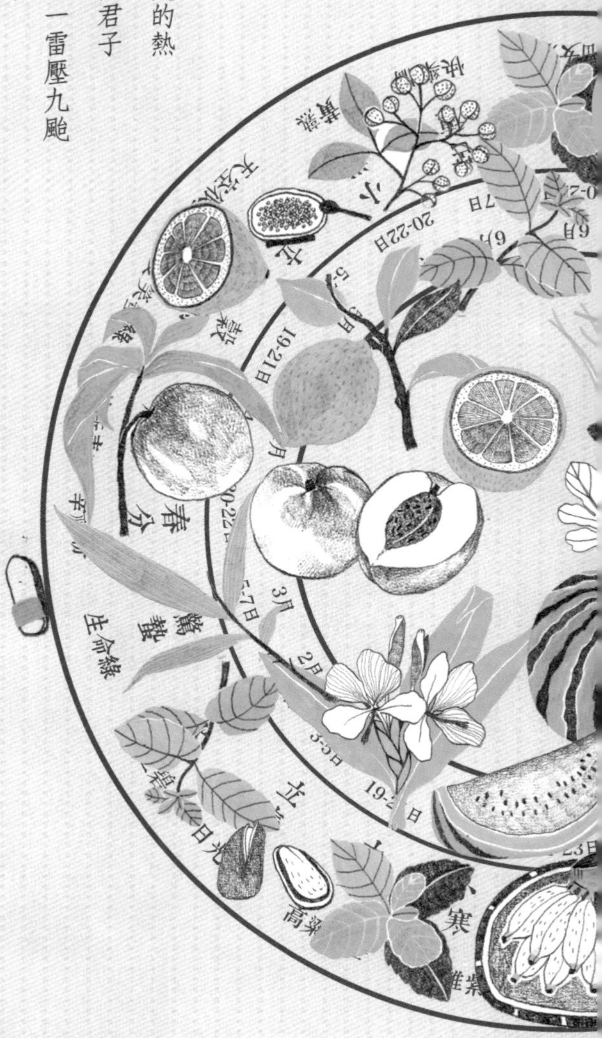

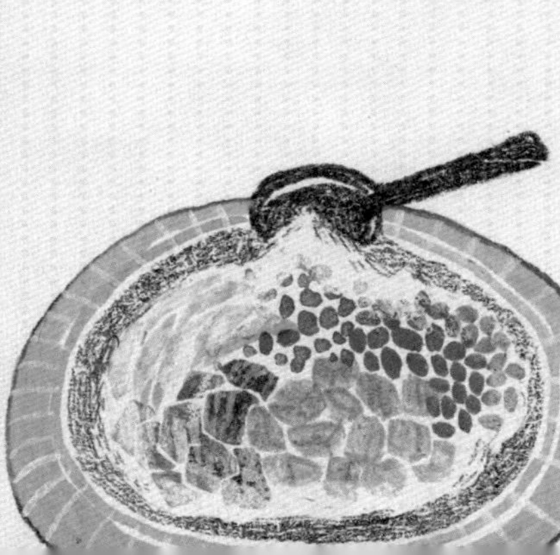

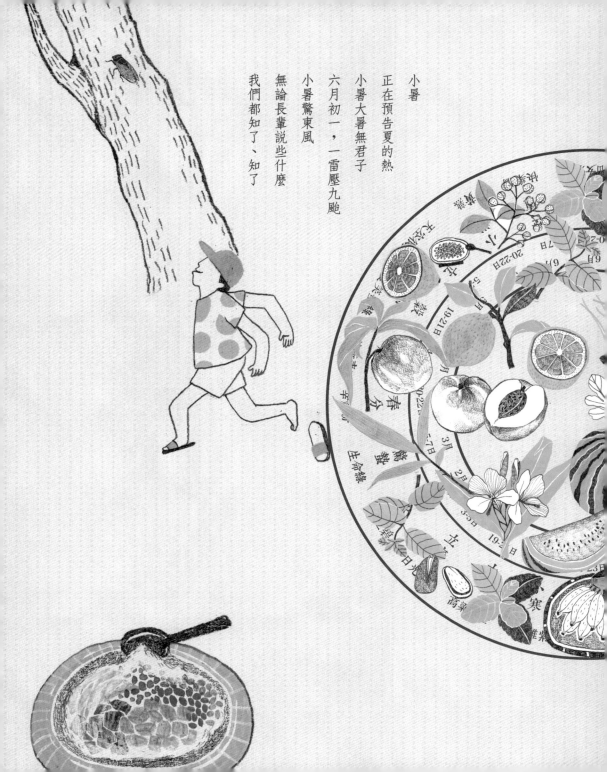

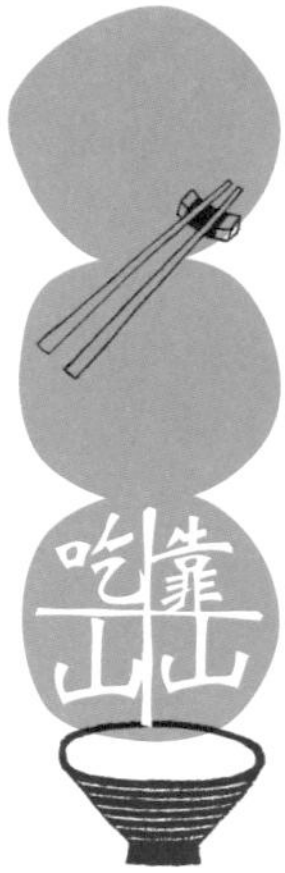

［米］

品種：高雄145號

［竹筍］

產季：6月至7月

產地：新北，新竹，苗栗，台中，南投，雲林

嘉義，台南，屏東

［西瓜］

產季：5月至8月

產地：苗栗，彰化，雲林及花蓮

［薄荷］

自己種的！

［檸檬］

最好是有機的，因為這次會吃到皮

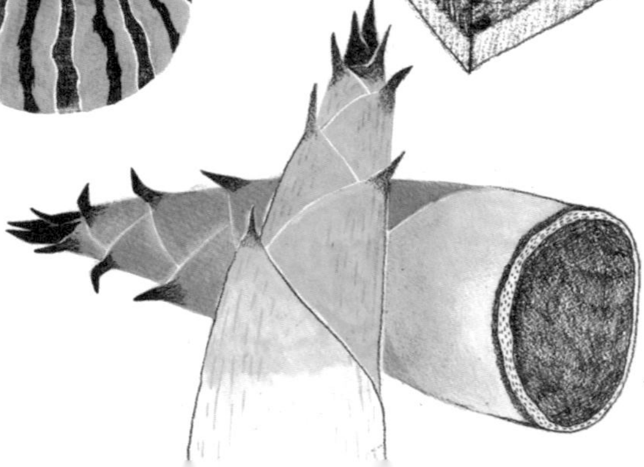

小暑

菜市場

{水蜜桃}

在比亞外部落，對水蜜桃的蟲害防治，不用毒害昆蟲的化學農藥，而是利用飛蛾的趨光性，在幽黑的夜幕放置一盞明燈，點亮黑夜裡的果園，也點亮部落一整年等待的希望。

哪裡買　台灣原味 / 比亞外部落水蜜桃

{桑椹醋}

其實不一定要是桑椹醋，只要是果醋類，自己喜歡的口味，都可以嘗試使用看看。

哪裡買　南投 / 溪底遙學習農園

［水蜜桃］
產季：6月至7月
產地：台中和平、梨山、武陵農場，南投仁愛

［四季豆］
產季：全年
產地：彰化，雲林，南投

［野薑花］
產季：初夏至中秋
產地：屏東為主要產地，台中新社

小暑

餐桌一定要美美的
腎藥蘭monachica，
意為「小美女的、像可愛小女孩的」，
和綠意綿密的文竹搭配在一起，
就好像在餐桌上綻放了，夏天的花火。

想一下喔！

俗諺，小暑過，一日熱三分，
天氣一熱，食慾就容易不好，
這時候的飲食適合清淡芳香。
竹筍光用來煮湯，就非常的清甜，
西瓜來個希臘吃法；
水蜜桃，單吃雖然就很好吃，
但是可以讓它再更豐富一點，
變成一道蔬菜水果都有的沙拉；
再來杯野薑花水，
小暑，也消暑了！

【有沒有冰雪聰明】

越煮越稠！
是粥品都會有出漿的狀況，也就是會越煮越稠，所以要適時加入高湯或者是熱開水，
最好的狀態就是，讓它呈現不會太稀也不會太稠的平衡。

配粥【豆腐乳】

有粥，就一定要有豆腐乳！

【筍啊沒】筍子鹹粥

- 先煮白粥（步驟與比例同瓠瓜鹹粥）。

❶ 比例2杯米：8杯水。

- 一樣要記得先把粥顧好，
然後就準備來切切切。

❷ 將五花肉切絲（撒點鹽巴，讓它自己獨處一下）。

- 筍子切絲、薑切碎丁。
- 香菇洗過，讓香菇濕潤即可，不需泡水。
- 要炒的香菇不泡水，因為泡過水的香菇，香味都到水裡了。

❸ 在平底鍋中倒入適量的油，不用等油變熱，放入香菇。

- 香菇香氣炒出後，將香菇離鍋，也讓它自己獨處一下。
- 然後用原本鍋裡的油，炒五花肉，炒到它變恰恰。

❹ 依序放入以下的料一起拌炒。

- 要等前一個料的香氣炒出來後，再放入下一個料。
- 薑、筍子、剛剛炒好的香菇，大約炒個5分鐘。
- 加入2至3杓高湯或水繼續拌炒，直到筍子的顏色變透（未炒的筍子是白色的）。

❺ 加入白粥中，攪拌後再熬煮一下。

❻ 大約加入5小湯匙的鹽巴，灑上白胡椒粉。

- 把蒜苗和芹菜切得美美的，讓每個人都想夾到自己的碗裡就完成了！

那先來準備一下

米—2杯
筍子—約半支
五花肉—約50g
香菇—3~5朵
薑—1支
蒜苗—1支
芹菜—1把

愛有味道

高湯—1200~1500CC（賢慧一點就自己熬）
鹽—適量
白胡椒粉—適量

配料

【西瓜起司】

松子炒香，
把西瓜切得美美的，擺得厲害一點，
用專門刮果皮的刀－刮皮刀，
將檸檬皮均勻地灑落在西瓜上。
大器地將Feta Cheese刮成一片片，
將今天早上在自家庭院摘的薄荷撕碎灑上，
炒好的松子，也落下，
記得，最後灑上花椒粉，就完成了，
假裝自己在希臘吃西瓜，有沒有很簡單！

看西瓜手相

紋路整齊，那就是好命瓜，
紋路有點奇怪，那它可能有點坎坷。

西瓜 笑一個

西瓜底部都有個黃色的小圈圈，
很像笑臉，笑臉越大，臉皮越厚，
所以要選就應該選笑臉小小的，
有點害羞，但是很甜美。

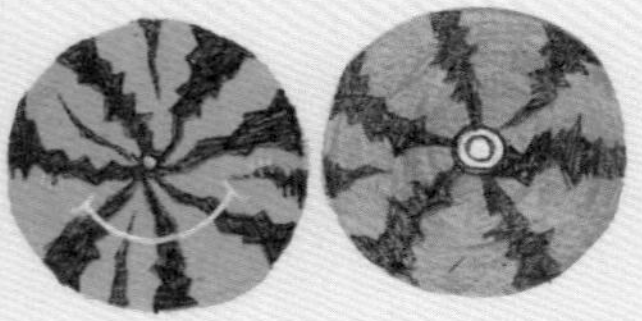

阿Q和阿呆

西瓜採收後通常都留有一段小籐，而從籐的
模樣可以辨別出西瓜甜或不甜，籐捲且硬者就是成熟
的好瓜，籐如果呆呆直直的，那表示西瓜
不夠熟，相對就顯得不足甜。

膚質 比一比

氣色好，皮膚光滑：○
臉色蒼白，黯淡失色：×

聲音低沉像鼓聲的熟度高
聲音清脆像鑼聲的熟度低

小暑

手摘水蜜桃

(菜) 【蜜桃四季成熟時】

水蜜桃遇到四季豆，淋上一點果醋搭配杏仁，
蜜桃成熟的味道，好豐富。

【旦蕉】

一小串的旦蕉，
很適合訂個幾串，直接豪邁的擺在桌上，
讓大家自己摘來吃，會讓餐桌上瞬間變得很南洋喔！

小飲【野薑花水】

一杯水，
一冰塊，
一野薑花，
每一口，沁涼，有花香。

野薑花她有個很美的名字

Butterfly Ginger，**蝴蝶薑**
因爲一起綻放的野薑花
像極了一群聚集在野薑上翩翩起舞的白蝴蝶

葉片還可以包粽子，
那就不得不提到新竹內灣
聞名的野薑花粽。

〔節氣餐桌〕小暑

天氣越來越熱，
但是對料理的熱情不曾減少。

大暑

〔今天〕

大暑熱　星光寶藍
吐納芬芳的
一直是從起初時就朝內注視的那朵花朵

〔交節日〕
國曆7/22-24

暑熱總有個高點
大暑熱不透，大水風颱到
我們依然喜歡太陽
像鳳梨一樣
旺來

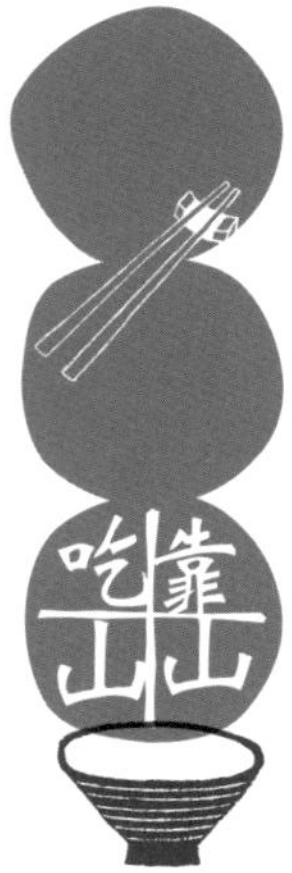

[絲瓜]
俗諺—六月瓜
產季：6月至10月
產地：台中，南投，彰化，雲林

[野薑花]
產季：初夏至中秋
產地：屏東為主產地，台中新社

[手工麵線]
要買不鹹的喔！比較好調整鹹度

[鳳梨]
這次使用金鑽鳳梨！
俗諺—大暑吃鳳梨
產季：7月至8月
產地：台中以南至屏東一帶為主要產地

大暑

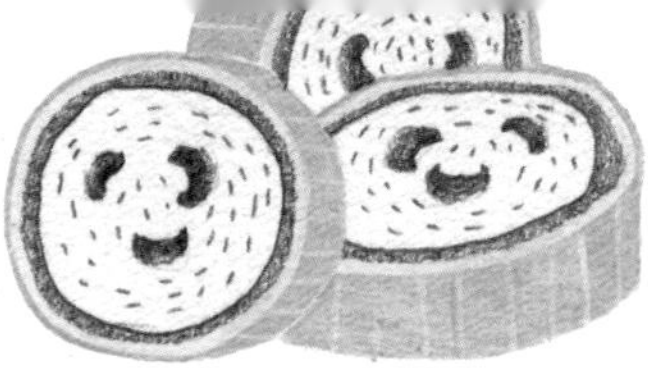

菜市場

{鳳梨}
禮拜六的早上，到農夫市集走走，總會有很多很多美好的收穫。

哪裡買　中興大學農夫市集
南投大同有機農場

{手工麵線}
麵線就是要找手工的，煮起來才不容易軟爛。

哪裡買　苗栗通霄 / 泉發製麵工廠

［百香果］
又名時計果
產季：6至12月開始採收，夏季盛產
產地：百香果之鄉，南投埔里

大暑

餐桌一定要美美的

大暑的佈置適合靜白，光看就讓人覺得舒服的組合，野薑花和白百合。

〔三菜一湯 過日子〕

想一下喔！

大暑前後是一年當中，最熱的時候，
俗諺說，六月瓜，
這個時候最適合吃瓜類消暑氣，
而此時也是瓜類盛產之時，
這應該也是老天爺的巧思吧！
那這次就來煮個絲瓜麵線，
俗諺說，大暑吃鳳梨，我們也來吃個鳳梨，
然後，菜市場已經疊上一塊塊冬瓜露，
飯後來一杯檸檬冬瓜露，
夏天的傍晚，適合搧著涼扇，發懶。

【有沒有冰雪聰明】

也有人會習慣將麵線直接加入絲瓜湯煮，
但是這個做法限定要用不鹹的麵線，
以避免無法控制絲瓜麵線的鹹度，
因為大多數人食用絲瓜麵線還是以吃清淡為主。

那先來準備一下

絲瓜—1條
不鹹麵線—3束
蒜頭—大顆1顆或小顆2顆
蔥—1支
苦茶油—些許

愛有味道

高湯—1200~1500CC
（賢慧一點就自己熬）
鹽—適量
白胡椒粉—適量

滾刀切法

[絲瓜切塊]

[絲瓜切片]

湯【絲絲入口】絲瓜麵線

1. 先煮滾一鍋熱水。
- 準備待會要撒麵線。
- 再來備料！（絲瓜有兩種切法，至於要哪一種就看個人喜好吧！）

2. 絲瓜切片，適合短時間烹飪，快速讓絲瓜透熟。
- 絲瓜切塊，滾刀切法，適用於不趕時間的，絲瓜熟得較慢，但是口感紮實。

3. 蒜頭、蔥切碎丁。

4. 熱水煮滾之後，將麵線撒入。
- 依照選的鍋子大小及裝水量，丟入適量的麵線。
- 如果是撒鹹麵線，要記得務必換水，不然會越撒越鹹。
- 如果是不鹹的麵線，記得看一下水的稠度，過稠就要換水。

5. 勾起麵線試吃，QQ的口感最剛好，就可以撈起來先放在一旁。

6. 假如不直接加入絲瓜湯內，（可在乾麵線上淋上一些苦茶油或者橄欖油，讓麵線不黏在一起）
不等油熱，放入蒜頭炒香後，再放入絲瓜。

7. 然後蓋上鍋蓋。煮絲瓜和瓠瓜的小訣竅就在悶煮時不加水，
- 這樣煮出來的絲瓜才會甘甜。

8. 加入高湯1200～1500CC，水量的狀況，
視絲瓜麵線吸水量有所調整，可先加1200CC絲瓜麵線吸水後，
再加入剩餘300CC高湯作調整，也可依個人口感調整絲瓜脆或者軟爛。

9. 加入2瓢鹽，可依個人口味調整，也取決於使用的麵線是鹹或者不鹹來調整。

註 撒，其實就是台語白煮之意。

●灑上蔥花或者是這個季節盛開的野薑花，
可以試試不一樣的佐料所帶來的不同感受。
野薑花有它的清香、蔥花有它的蔥香，
但兩者不適合加在一起食用，因為蔥會蓋掉野薑花的味道，
絲瓜遇到麵線可以有兩種遇見，
絲瓜湯麵線分開加，可依個人食量，將麵線加入絲瓜湯，
或者直接將麵線加入絲瓜湯內，和在一起變成大湯麵。
如果要更營養一點，在家可以煎一顆荷包蛋，
放在絲瓜麵線湯上，更營養喔！

配料

灑上蔥花

or

野薑花

or

放顆營養荷包蛋

【金鑽沙拉】鳳梨百香果椰子絲薄荷沙拉

南投被蟲咬的金鑽鳳梨果肉，
淋上來自埔里的百香果，熬成酸甜的果醬，形成橙色的漸層，
再撒上夏天的味道─椰子絲，
綠綠的檸檬皮飄落在一片黃金海上，
點綴幾片自家種的薄荷，
飯前來上一口，好開胃。

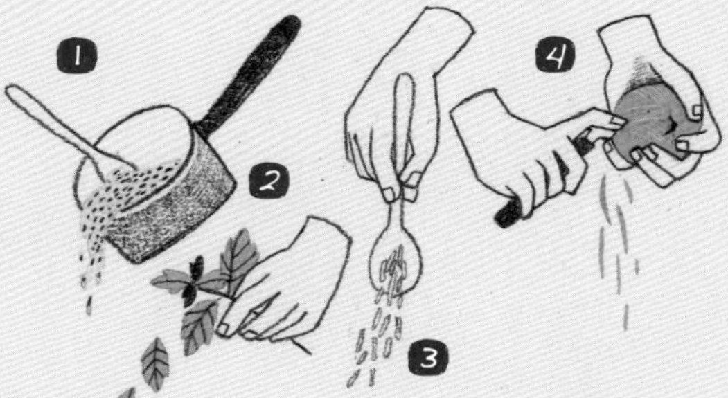

【檸檬冬瓜露】

將濃縮還原，熬成甘甜的冬瓜露，
喜歡酸的，就加多一點檸檬，
喜歡甜甜的，就加少一點那酸酸的。

【蝦菇弄筍】炒筍片

將五花肉切條狀，
將燙好的竹筍外皮那一層削掉，
並將竹筍切片，
開始煎豬肉，煎至恰恰。
加入泡好水的香菇拌炒到香氣出來，
下蝦米炒香，再下蒜頭，
加入筍片，蓋上鍋蓋燜一下，
加一點鹽拌一下起鍋，
盛盤時放入九層塔。

【過年年菜篇】

這道炒筍片除了加五花肉，
還可以應景的加入臘肉絲，
更能提出豬肉的鮮味，
讓炒筍片再升一級。

〔節氣 餐桌〕大暑

吃飽喝足的餐後，就在那個小客廳，彈奏起，哼唱起，
還記得那是一首，劉禹錫的「陋室銘」。

立秋〔今天〕

立秋乞巧 靦腆桃
總是喜愛秋的心 靈魂 才情 個性
朦朧 俯仰孤獨

〔交節日〕國曆8/7-9

天空開始出現情緒
喜怒哀樂
刮風、下雨
有時悶熱然後陽光
颱風像外患般
不時叨擾
剛好，今天是爸爸節
要為男人做頓飯的日子

靠山吃山

［秋葵］

像羊角的豆子

產季：5月至8月，正要轉入夏季時，就是秋葵的產季

產地：自嘉南平原到北台灣都有，但仍以彰化、雲林、嘉義、屏東等地為主

［葡萄］

產季：7月中旬至8月底

產地：苗栗，台中，南投，彰化

［莧菜］

產季：春末至初秋最盛，冬季一開花，口感顯得較老

產地：全台都有種植

［菜脯］

台中大安阿姨自己曬的！

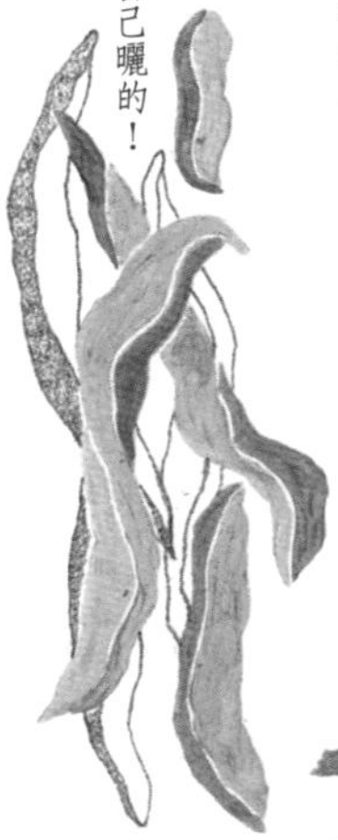

立秋

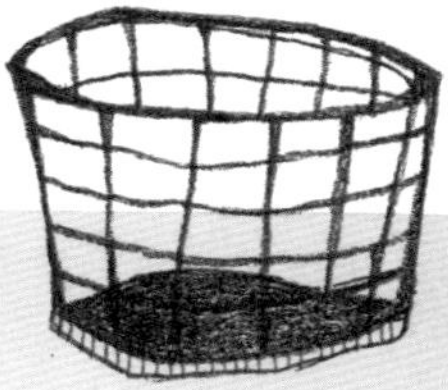

菜市場

{冬粉}

台中老舖「中農粉絲」，創業於1949年，至今也有60幾歲囉!

哪裡買 台中／中農粉絲網站　可線上購物

{苦茶油}

「那個苦茶油要買哪一家的？」「找那個阿興，買他們家有在賣的苦茶油！」於是，找找找，終於找到阿興在賣的苦茶油。

哪裡買 台中新社／東榮農場

{葡萄}

這時候吃的葡萄是夏果，飽滿多汁，用來煮葡萄醬的時候，還可以隨手偷吃幾顆!

哪裡買 苗栗卓蘭／松原農莊

{黑豆豉}

哪裡買 雲林／陳源和醬油廠

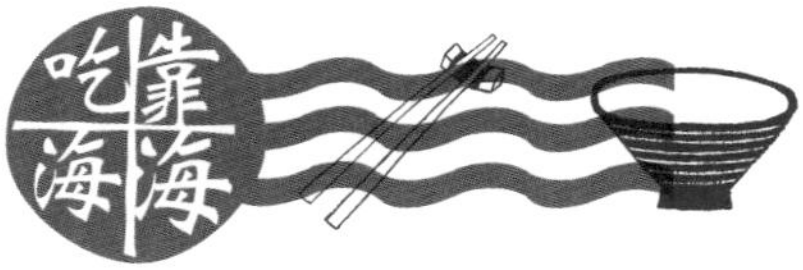

〔吻仔魚〕

產季：4月至10月，吻仔魚盛產期

產地：「北頭城、南枋寮」，這個指的就是吻仔魚的兩大盛產地

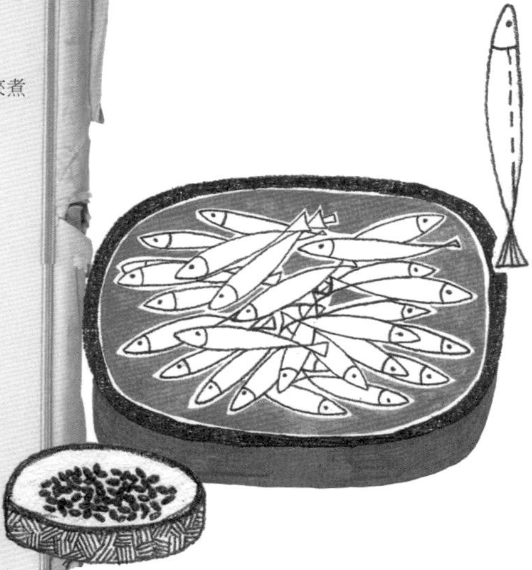

立秋

〔三菜一湯 過日子〕

餐桌一定要美美的
就用葵百合花語「勝利」、
姬百合花語「榮耀」，
在餐桌上綻放，作為獻給爸爸的祝福吧！

想一下喔！

暑未去，涼未來，
夏秋之交，
有隻秋老虎，
延續夏天的餘威。
男人與孩子胃口也許不佳，
煮個入口即化的莧菜秋葵銀魚冬粉羹，
配個開胃的超厲害炒辣辣，
以及採蘑菇和葡萄鴨！

【有沒有冰雪聰明】

一般煮羹，都會加入太白粉，讓湯變得濃稠，
但是這次我們利用秋葵天生的黏性，讓湯變得微稠，自然又健康。

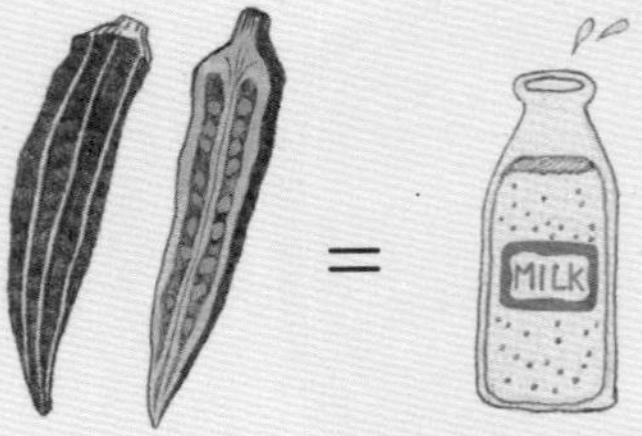

[100g秋葵] [100g牛奶]

秋葵

英國人叫她，美人指
長得像羊角，又稱羊角豆

100g秋葵和100g牛奶的鈣含量不相上下，
秋葵的營養價值不容小看！

湯【啾】莧菜秋葵銀魚冬粉羹

秋季乾燥，
飲食要防燥不膩，
莧菜、秋葵與銀魚各其本分，是愛的總和。

- 開始幹活囉！
- 煮好一鍋高湯，在旁等著。

1. 先將莧菜切碎。
2. 然後把秋葵切薄片星狀。
3. 同時，把冬粉泡在常溫水裡（一般自來水即可）。
4. 冬粉泡軟後，用剪刀剪成每段約1公分的長度。
   這樣吃起來方便吃，視覺也美美的。
5. 準備炒吻仔魚。

- 放一點油在鍋子裡，不用等油熱，就可以開始炒吻仔魚。
- 不需要炒太久，因為這只是要去掉魚腥味。

6. 加入蒜頭，繼續炒啊炒，炒到有乒乒乓乓的香味，就起鍋。

- 再來就是照順序，放放放。

7. 莧菜、吻仔魚、已剪短的冬粉、起鍋前加入秋葵。

- 加入2瓢鹽巴（清淡重鹹，自己喜歡最重要）。
- 加入白胡椒粉，試喝一下，對自己比個OK吧！

特別叮嚀：「一定要在起鍋前放入秋葵，倘若過早放入，會導致秋葵黃掉。」

那先來準備一下

- 莧菜—1把
- 吻仔魚—1小撮（適量）
- 冬粉—3把
- 秋葵—4根
- 蒜頭—大顆1顆／小顆2顆

愛有味道

- 高湯—1200~1500CC
- 鹽—適量
- 白胡椒粉—適量

菜【採蘑菇】

蘑菇的Q軟、
荷蘭芹的香氣、
苦茶油的滋潤，
炒拌在一起，光配白飯，就可扒上好幾碗；
用清爽的蘿美生菜，一把握著，
包覆和羹截然不同的清脆口感，
適合喝一口咬一口。

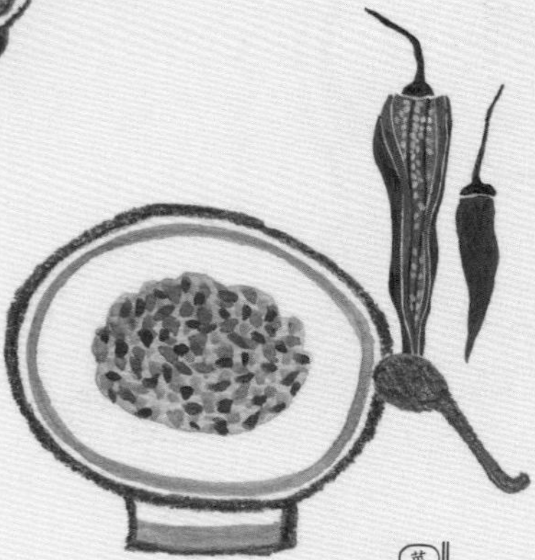

菜【炒辣辣】

經典料理，凡吃過的人，
都會想要一嚐再嚐，
平淡的料理，
只要加上這一道，馬上什麼都吃光光，
裡面包含了菜脯、朝天椒、黑豆鼓，
最適合食慾容易不佳的悶熱天氣。

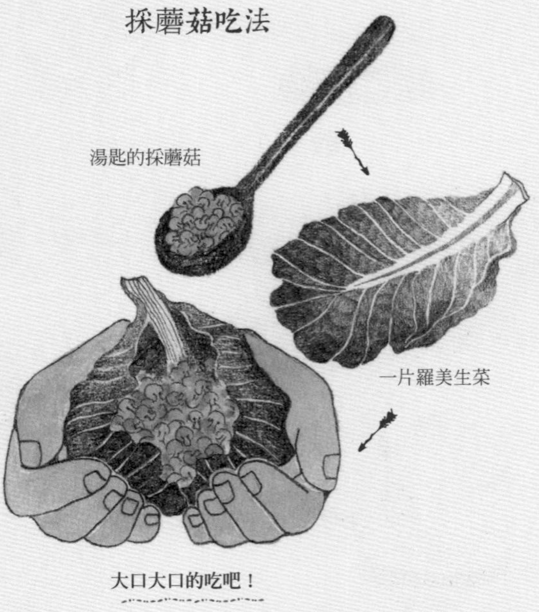

立秋

如何選一串好葡萄

首先，觀察葡萄的果穗主梗，
如果呈現青翠的綠色，就是新鮮的證明。

另外，果粒結實飽滿、摸起來很有彈性，
加上有葡萄特有的白色果粉，
代表這串葡萄品質優良。

菜 看起來很厲害的小菜【葡萄鴨】

豪邁的將葡萄全部作成醬汁，
綿密的馬鈴薯泥，
煎到酥脆的鴨胸肉，
記得要看起來很厲害，
所以要努力擺得美美的。

喜歡到菜市場去買菜

因爲可以和老闆東問西問，
問到好多，關於食材的哩哩扣扣。

〔節氣餐桌〕立秋

也許有些話，不知道怎麼說出口，
那就用料理來好好表現吧！
讓每一口都是一句，老爸，謝謝您！

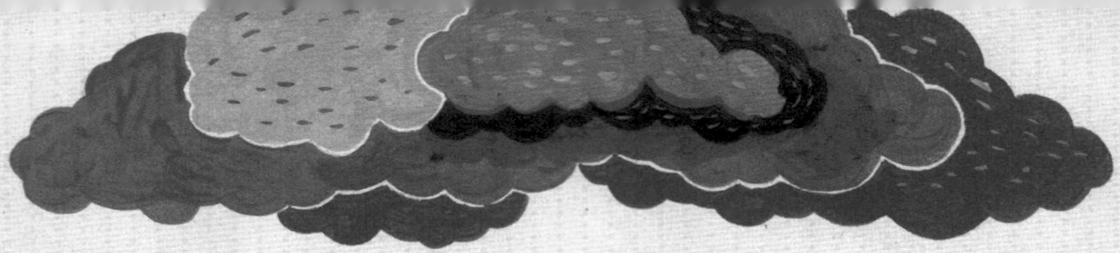

處暑

〔今 天〕

處暑虎 刀子紅

天空不斷幫助我們感知

與夏娘相會時的邊緣和界線

[交節日] 國曆 8/22-24

直到秋的第二小節
暑熱，請您就此終止、潛藏
我們已經理了長衫
要在夜裡倘佯

處暑

［冬瓜］
產季：7月至11月
產地：彰化，雲林，花蓮

［山苦瓜］
產季：4月至9月
產地：桃園，台中，彰化，雲林，嘉義，台南，高雄，屏東，花蓮

［蘋果苦瓜］
生命之樹
產季：5月至10月
產地：台中，彰化，高雄及屏東等地

［桑椹醋］
也不一定要用桑椹醋，只要是果醋系列，都可以使用

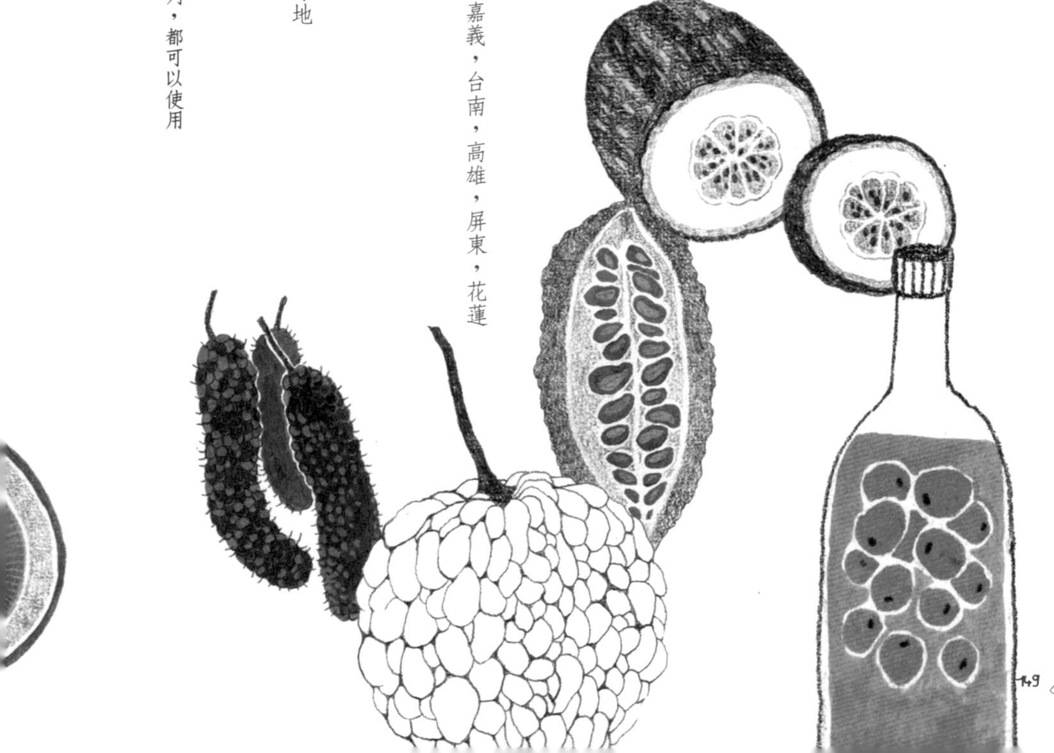

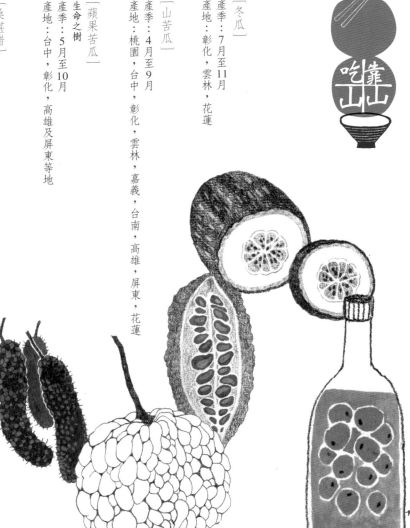

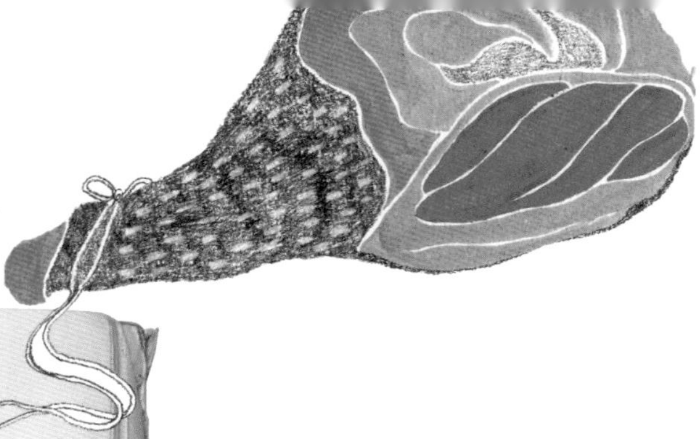

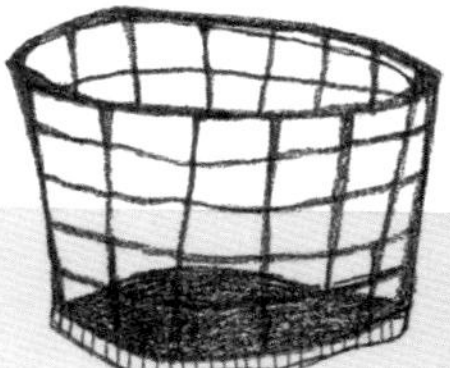

菜市場

{冬瓜}

火金姑童謠裡這麼唱著，「匏仔換冬瓜，冬瓜好煮湯」兩句歌詞，就把冬瓜適合煮湯的事情，交代得清清楚楚。

哪裡買 雲林莿桐／茂盛有機農場

{苦瓜}

這次的苦瓜是得過神農獎的喔！像蘋果般的白玉苦瓜，非常的討喜！嚐起來清甜又清脆。

哪裡買 雲林西螺／十大經典神農吳秋榮

{有機無花果}

醃製的無花果，人人都有吃過，但是新鮮的無花果，原來台灣也有喔！果然是深藏不露啊！

哪裡買 雲林西螺／十大經典神農吳秋榮

［有機無花果］

產季：台灣的產期比較長，除了5、6月產量較少外，幾乎一年四季都可結果

產地：雲林

［青醬］

橄欖油、九層塔、松子、蒜頭

〔三菜一湯 過日子〕

處暑

餐桌一定要美美的

雖然天氣還沒有秋意，但是我們可以自己將餐桌，
悄悄地多加一點秋季的味道。
新西蘭葉和微微轉紅的小綠果是不錯的選擇。

想一下喔！

天氣還是好熱，還有個暑字，
那得趕緊趁著夏天的餘威，
繼續品嚐解暑的瓜。
冬瓜加上冬粉，雙冬湯，聽起來就很涼快，
苦瓜、白玉和山苦瓜，都來試試看，
無花果，原來還可以這樣吃；
處暑若遇到颱風天，
就在家裡好好煮一頓處暑颱風餐吧！

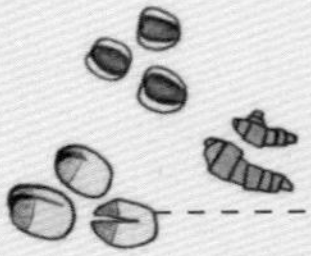

那先來準備一下

冬瓜—（約直徑15公分、厚度5公分）
鴻喜菇—1包
冬粉—2把
薑塊—2塊
薑絲—些許

愛有味道

四神大骨高湯—1200~1500CC
［四神適量、大骨1~2支或排骨8塊（1人2塊比例）、薑塊］
鹽—適量
白胡椒粉—適量

【雙冬湯】冬瓜冬粉湯

冬瓜、冬粉，雙冬湯！好像還不錯！

- 來準備賢慧的熱湯。
- 將四神清洗過，泡水(常溫飲用水)。

❶ 將大骨汆燙過後，瀝掉血水，去腥之餘，也讓高湯的顏色更乾淨！

- 將大骨、四神及薑塊放入1200~1500CC的水中，開始燉高湯。
- 高湯沸騰後，燉一下再試個味道，然後將大骨和薑塊撈起。

❷ 將大骨的肉和骨頭分離。

❸ 碎肉再放入高湯內與其他食材燉煮。

- 如果是選擇用排骨則不需此動作。
- 先泡冬粉，記得立秋的莧菜秋葵銀魚冬粉羹作法嗎？

❹ 泡軟後，剪成一段段約莫1公分的長度。

❺ 鴻喜菇一株對開成兩半後，折成一小株一小株清洗。

❻ 再把冬瓜切成一塊塊，大約是要咬兩口的大小。

- 湯第一次滾時，將冬瓜放入，冬瓜滾至透爛時，再將鴻喜菇放入。
- 湯第二次滾時，將冬粉放入，可依個人喜好酌量放入薑絲。

❼ 加入兩瓢鹽巴，適量調整。

- 清爽的雙冬湯，大功告成！

【有沒有冰雪聰明】

建議人數眾多時，可選用大骨熬煮，較不會有排骨成本過高以及肉被搶食光的狀況，人數較少時，則可一人兩塊排骨分法的比例，進而選擇排骨數量。

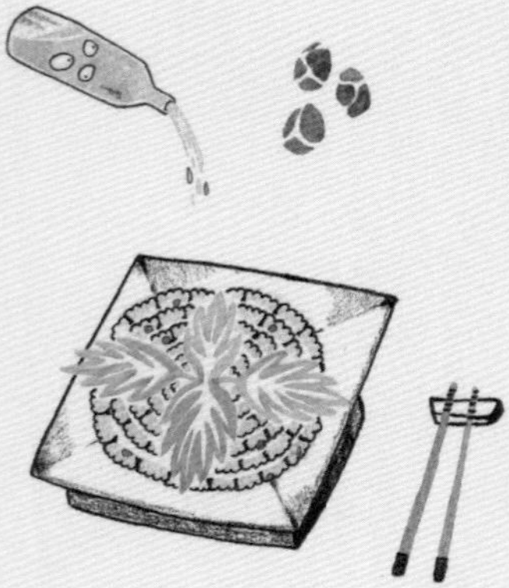

住在隧道裏的神農獎苦瓜

菜【苦瓜不苦】

❶ 山苦瓜洗淨去籽切片後，進入滾汆燙，越薄越可以入味，也較不會苦，汆燙也是為了去除苦瓜的苦味。冰鎮擰乾後，撈起丁香豆豉的料倒入。

❷ 剩下的丁香豆豉油，再倒一點點進去，攪拌攪拌，如此簡單，苦瓜真的一點都不苦了！

【瓠然成花】瓠瓜鍋貼

- 香菇約6朵，泡軟後切末並炒香。
- 白豆腐切一半後拿來煎，煎至金黃後，切碎但不要切爛。
- 蛋用6顆打散加鹽，煎成蛋皮後切碎。
- 嫩薑約1拇指量切末。
- 杏鮑菇先切片再切成小絲。
- 冬粉泡水後把水瀝乾，用剪刀剪一剪。
- 將以上材料均勻攪拌，成為冬粉料鍋。
- 瓠瓜刨絲，用鹽抓一抓再把水瀝乾。
- 將瓠瓜絲加入冬粉料鍋中，再加入香油、鹽、切細的西洋芹，即完成餃子餡。
- 取餃子皮包入適量的餃子餡。
- 起一鍋先放油，將餃子平鋪至鍋中形成一朵花樣。
- 加水，開火，當聽見鍋中的聲音由水聲變為油聲，代表完成。
- 最後取一盤子將鍋反倒入盤中，就會形成一盤瓠瓜花型，美麗絕倫！

看起來很厲害的小菜【深藏不露花】

花生長於果內，隱頭花序，無花果，不是不開花，只是深藏不露而已！

[是花不是果]

- 古羅馬神話中，無花果被命名爲「生命守護之神」，每個人小時候的回憶一無花果乾。

〔節氣餐桌〕處暑

還記得去年夏天，我們初見面的那天，
妳戴著我們爬上那紅通通的土，我們和雲一起流動，
那是相機拍不進的廣大。

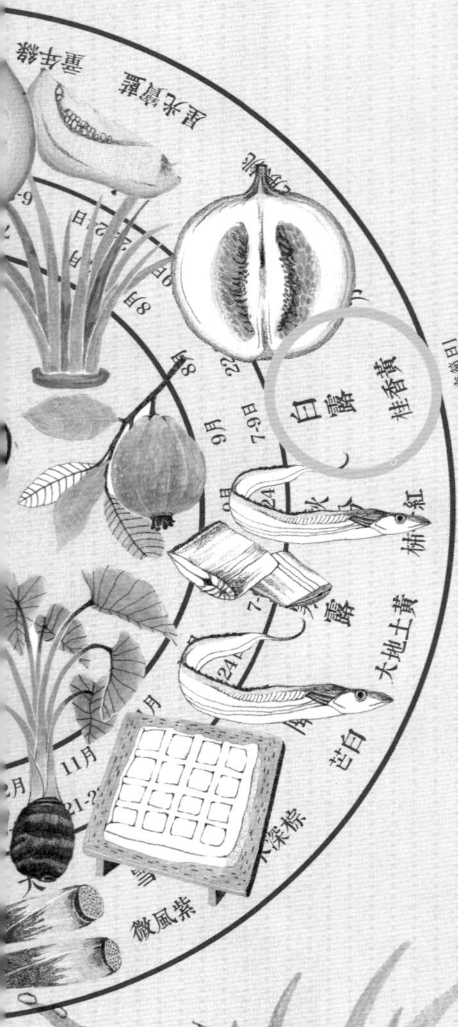

白露

〔今天〕

白露月 桂香黃

露白的 是清晨花片上一定要保留的後廂房

幫助我們退隱和孤寂

〔交節日〕國曆9/7-9

曬得暖熱的地球降溫
戴月荷鋤歸
白露溼衣裳
衣沾不足惜
但使願無違

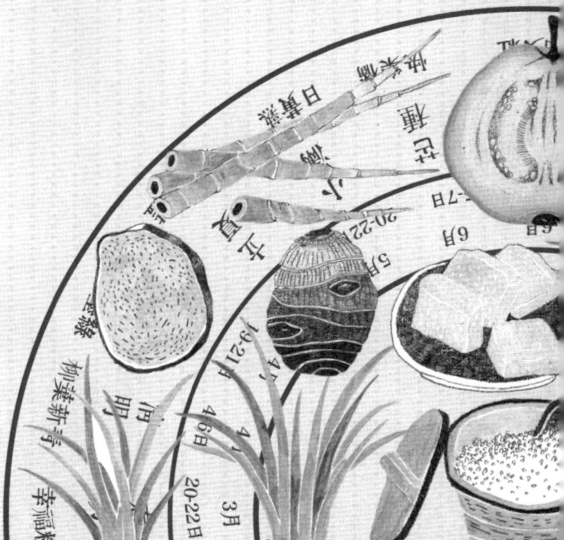

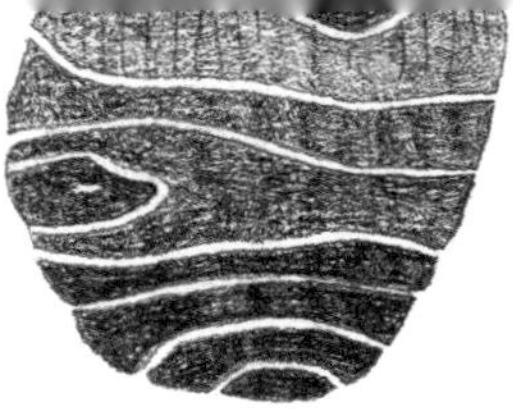

[芋頭]
高雄1號
產季：9月至清明節
產地：苗栗公館，台中大甲，高雄甲仙

[米]
台梗9號
苑裡 鴨間稻

[小白菜]
產季：全年
產地：新竹，彰化，雲林

白露

菜市場

{芋頭}

這次我們向兩位小農買芋頭，都是大甲芋頭，品種是高雄1號。採買時可說是精挑細選，每個都長得頭好壯壯，於是我們將芋頭變成了可愛的派對伴手禮；還要了一些葉子，因為我們要把芋頭擺得美美的。

哪裡買 台中外埔／大草原有機農場
台中大甲／芋農邵清福先生

靠海吃海

[白帶魚]

產季：全年皆產，天冷後進入旺季，白帶魚白天潛伏於深暗的海底，夜幕一升起便傾巢浮游而上覓食，金屬光澤銀亮如劍，捕撈上岸後那光澤便不斷消退，切段乾煎、紅燒是最家常的吃法。

白露

〔三菜一湯 過日子〕

餐桌一定要美美的

如果你也直接和小農購買，
可以和他們要一點新鮮的芋頭葉，
回家擺在桌子上，很有置身在芋頭田的氛圍喔！
不過要注意，芋頭葉很容易有枯萎的問題。

想一下喔！

天氣越來越涼爽，
餐桌上的顏色，也開始轉換了。
這次我們要來煮，
蘊藏在土裡兩百多個日子的，
芋頭排骨粥。
若多買了一些芋頭，
可以邀請幾位朋友來家裡坐坐，
與他們分享粥，順便一人送一顆芋頭，
有呷，又有拿喔！

那先來準備一下

米—2杯米
芋頭—1顆(如手掌大)

愛有味道

大骨高湯—12杯水
[大骨1～2支或排骨8塊(1人2塊比例)、薑塊]
鹽—適量
白胡椒粉—適量

【有沒有冰雪聰明】

汆燙時加點鹽或加點白醋及油，加鹽或加少許白醋會讓蔬菜的顏色變得更美麗，而其中白醋使蔬菜煮完後還會變成甜味。
如果沒有白醋的話也可用糖來取代，而加點油可以讓蔬菜更具光澤。

【紫玉粥】芋頭排骨粥

・熬湯，和上一個節氣處暑的雙冬湯作法一樣。

1. 大骨汆燙過後，瀝掉血水。
2. 將大骨及薑塊放入水中，開始燉高湯。
3. 沸騰後燉一下，試個味道，將大骨和薑塊撈起。

・將大骨的肉和骨頭分離，再將碎肉放入高湯內與其他食材燉煮（排骨則不需此動作）。

4. 芋頭切塊和洗好的米，一起放入高湯內中火熬煮。

・喜歡吃芋頭，就將芋頭切大塊一點，口感較鬆。

5. 記得要攪拌，假如不小心黏鍋了，先熄火移到別處。

・等個10分鐘，再鏟起黏鍋處就好。煮滾後，轉小火。

6. 芋頭熟透即可加入5瓢鹽巴，均勻灑上白胡椒粉。
7. 芹菜切丁後讓大家自行加入。

・又是一道越呷越大漢的粥，完成！

RECIPES

菜

【清蒸小芋頭】

在芋頭盛產時，經常可以在盛產地，如大甲鎮瀾宮附近，看到有攤販在賣已經蒸好的小小顆芋頭，沾著蒜味醬油吃，就是這個季節忘不掉的原味。

芋頭另一吃法

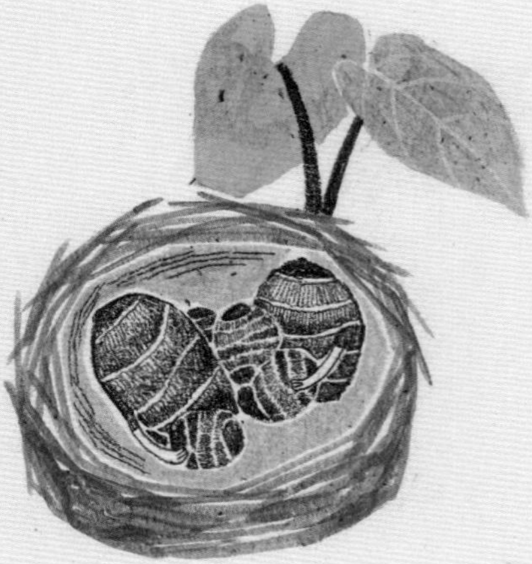

芋頭除了吃它的地下莖塊外，台灣鄉間還有另一吃法是「芋槐」（閩南語ㄛˇ　ㄏㄨㄞ ㄅˊ），取芋株的葉梗部分，用麻油、薑爆香炒過後再燜至熟爛，以醬油、糖或豆豉調味即可，口感類似茄子、絲瓜，帶有芋香，但一定得燜煮至熟爛，否則會有澀澀刺刺感。

【豆香翡翠】小白菜煎豆腐

先乾煎板豆腐，將豆腐鋪在底層，之後以蒜頭炒香小白菜，盛盤時豆腐當底，上層鋪上炒好的小白菜，一道青翠珠白的佳餚就可以上桌了。

[板豆腐入味的小妙招]

還未料理前噴一點鹽水，很快就可以讓板豆腐入味，烹煮的時候就不需過多的調味，兼顧健康又清爽的原則。

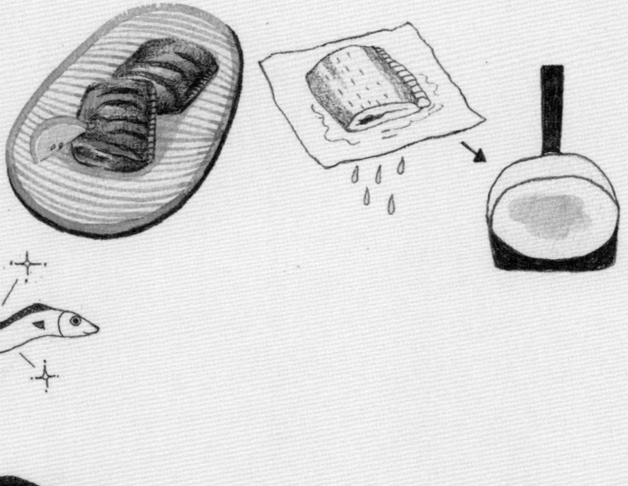

【白玉排】乾煎白帶魚

將白帶魚下鍋乾煎，煎至恰恰，取出備用，再用煎白帶魚的油炒嫩薑，加入少許鹽。盛盤時將炒嫩薑放置於白帶魚之上，配著吃，就能吃到那嫩薑提出最新鮮的白帶魚滋味。

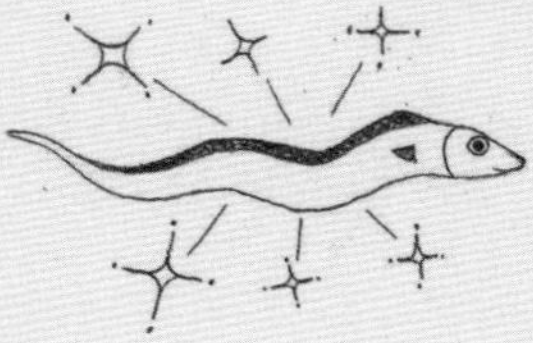

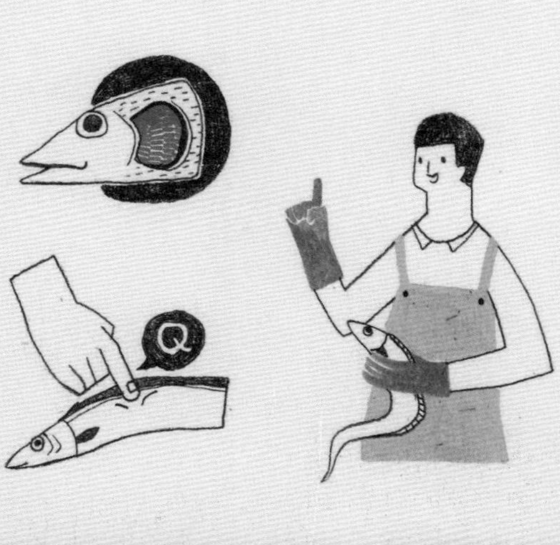

教你選一條亮晶晶的白帶魚

一.魚體亮：先觀察魚體表面的光澤度，銀色的亮度愈亮愈好。
二.魚鰓紅：以魚鰓的顏色判斷鮮度，顏色愈鮮紅就表示愈新鮮。
三.魚肉彈：魚肉彈性愈好，肉質口感也將愈肥美。

〔節氣 餐桌〕白露

適合，飯後去散個步，

如果，剛好能聞到桂花香，那就太幸福了。

秋分

〔今天〕

秋分蟹 柿子紅
當夏天要去北方 冬天要去南方
每個玩遊戲的孩子都是贏家

〔交節日〕國曆9/22-24

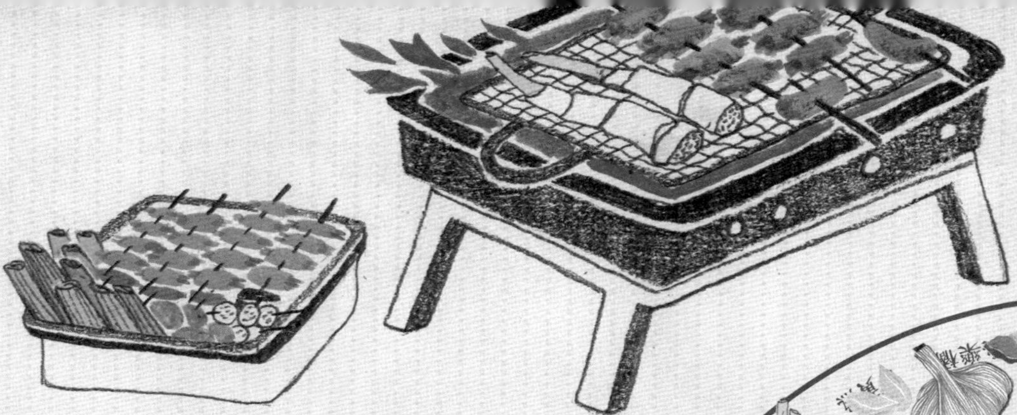

秋分暝日對分
從此開始晝間漸短，夜間漸長
綿綿的夜有秋風作伴
浪漫得無以復加

［南瓜］
產季：6月至10月
產地：新北三芝，南投，高雄，屏東，花蓮

［馬鈴薯］
產季：全年
產地：台中，雲林，嘉義，台南

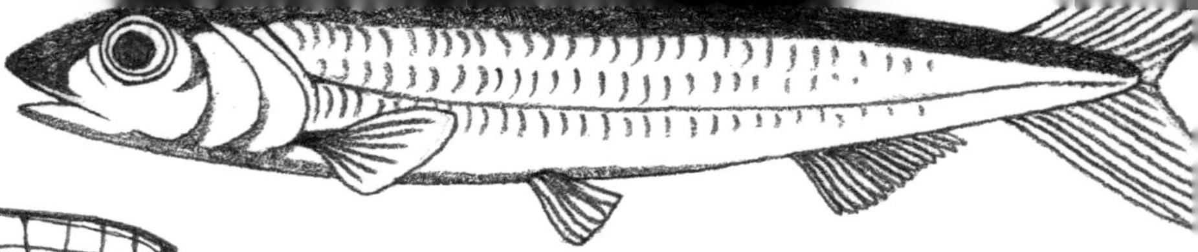

菜市場

{茭白筍}

茭白筍又有美人腿之稱，只能說這名號她實至名歸。

哪裡買 南投埔里／珠仔山農場

{有機南瓜}

這次訂的南瓜是有機的，長得特別小巧可愛，和一對有夢想的年輕人所購買。

哪裡買 南投水里／八福農場
水里上安村兩個夢想家

{有機黃金馬鈴薯}

一切開馬鈴薯，漂亮的淺黃色果肉，讓人驚喜真的有黃金馬鈴薯！

哪裡買 雲林元長／迴善有機農場

［茭白筍］
產季：9月至10月
產地：新北三芝，南投埔里、魚池

［文旦］
產季：8月至10月
產地：新北，苗栗，台中，南投
台南，花蓮，台東

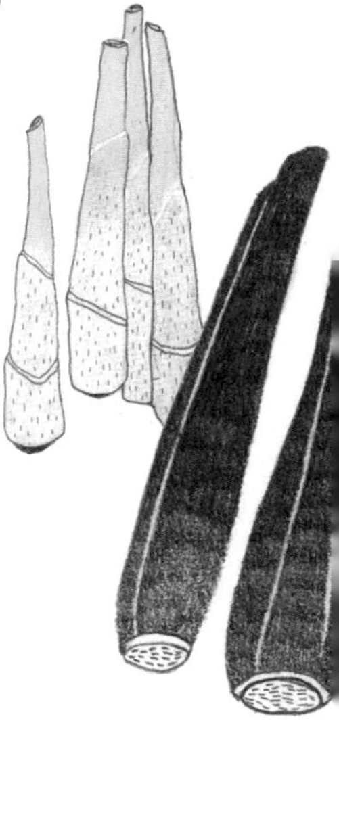

〔三菜一湯 過日子〕

餐桌一定要美美的

在木桌上，鋪上一長條的宣紙，適合秋天的線菊，隨意巧妙的落點在各處盛開，有一些，就讓它從高腳杯長出來吧！

想一下喔！

中秋節一定要來烤肉賞月，柚子、茭白筍也不能少，但這次可以來點不一樣的吃法，讓餐桌更有氣氛。再來個現在吃正適合的南瓜濃湯，秋分·中秋，團圓分享美好的一餐。

【有沒有冰雪聰明】

也可一口氣煮較多南瓜濃湯，依序處理打成濃狀後，放入保鮮盒冷藏，要食用時再取出，加水加熱加鹽就完成了，這是另一種生活上便利的好作法。

【秋意正濃】南瓜濃湯

1 將南瓜、洋蔥及馬鈴薯切塊狀。
- 將老薑切片，喜歡薑味的就多加一點。
- 將所有材料(南瓜、洋蔥、馬鈴薯、老薑、腰果)放入鍋內。

2 加水淹蓋過食材即可，大火煮滾。
- 確認材料都熟了。
- 可依馬鈴薯來判斷，馬鈴薯慢熟，南瓜則比較快。

3 將材料放入食物調理機。
- 如果是一般的果汁機無耐熱效果，須先將食材放涼再攪碎。
- 不過果汁機處理出來的口感效果會比較粗一點。

4 打成濃狀後，有兩種濃稠度可以試試看。

5 濃稠一點，就會有一點像果醬，可以塗在麵包上。

6 如果純粹作為湯品飲食的話，可適當加入一些開水或高湯。
- 調整至個人喜愛的濃稠度即可。

7 然後，加鹽調味，有沒有好像很簡單的樣子！

那先來準備一下

南瓜—1顆
洋蔥—1／2顆
馬鈴薯—2顆
老薑—1個（拇指般大小）
腰果—1小把

愛有味道

鹽—適量

RecipES

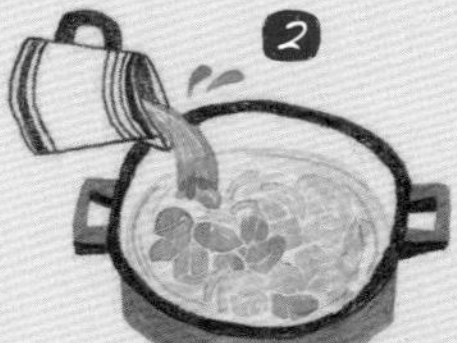

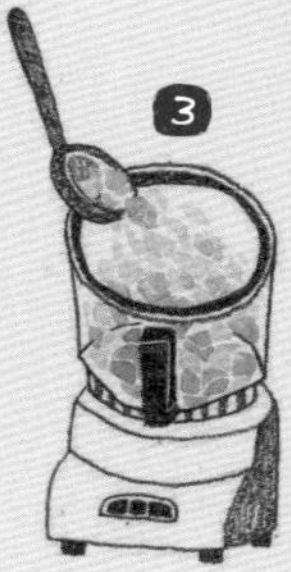

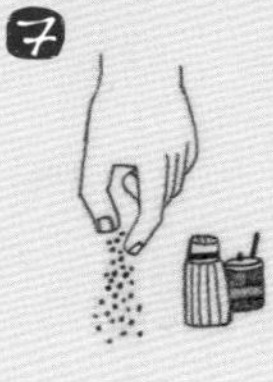

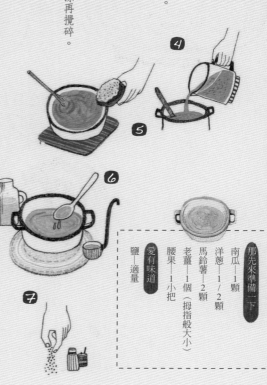

菜【柚有驚喜】文旦柚沙拉

烤肉可以吃得很健康，
要先很有耐心的，把文旦柚的肉剝好，
再淋上洛神花優格醬，
讓大家自行搭配烤山豬肉，
是道清爽滿分的中秋應景沙拉。

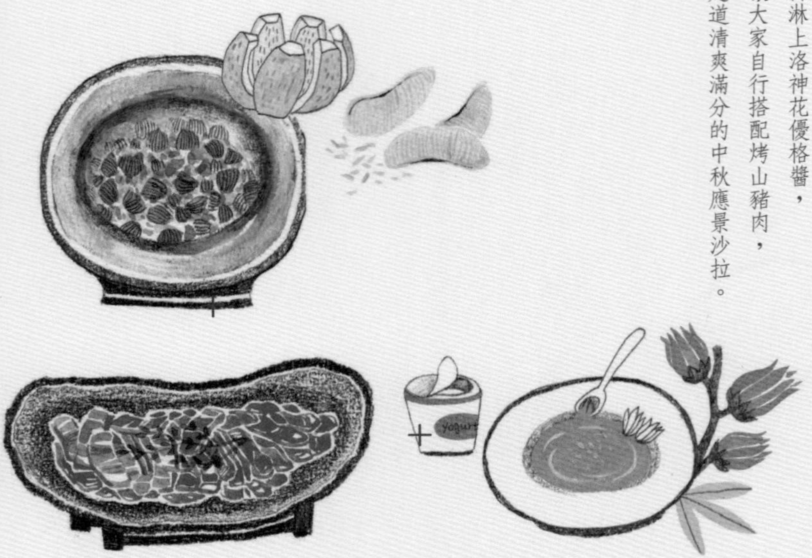

[在台灣已經住了300多年的文旦]

如果憑新鮮、油亮、碩大來挑文旦，那可就錯了！文旦個頭最好約一斤左右，頭尖底大，掂起來又有點重量，油泡（果皮上一點一點像雞皮疙瘩）要細密，綠中帶黃，而且要經過貯放「消水」後，甜度、風味都更好。

半顆文旦，就可以
提供成人一日所需維生素C

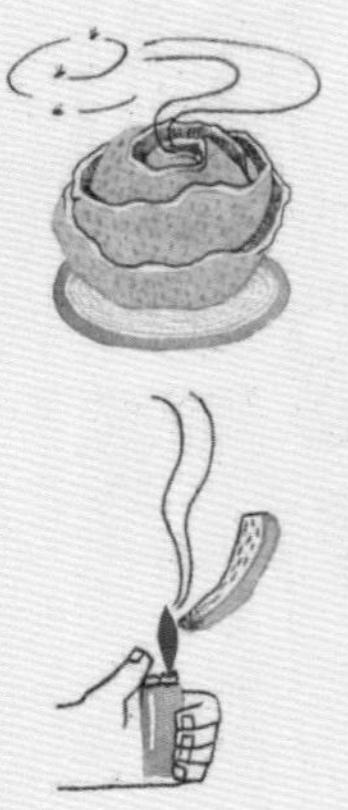

文旦皮燃燒可以驅蚊

文旦皮可以淋浴
養顏美容

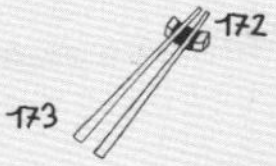

【火辣綠花】綠花椰

花椰菜切適口的量，燙過之後再過冷水，
取另一鍋，先炒切小圈的辣椒，
再加入蒜末一塊拌炒，炒香後加鹽，
最後將綠花椰加入，拌炒一下，即可起鍋。

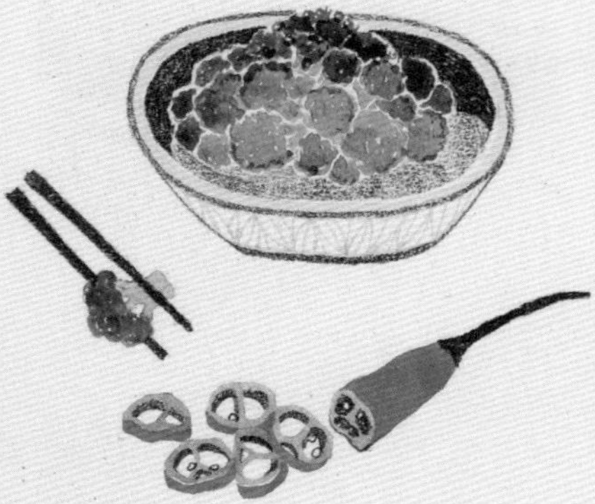

茭白筍和水稻原來是兄弟
是住在水田裏的挺水植物

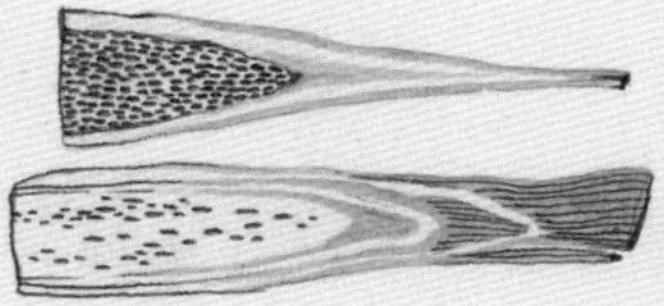

茭白筍的筍肉中有黑色小點，這是菰黑

茭白筍與菰黑穗菌有如共生關係，因爲菰黑的刺激莖部組織，才膨大成爲筍狀，成爲我們的盤中飧。

【蒸的美人腿】茭白筍原味品嚐

有些食物本身，原味就是美味，
大蒜鯷魚醬，大蒜芥末醬，
帶來不同層次的感知，好好享用吧！

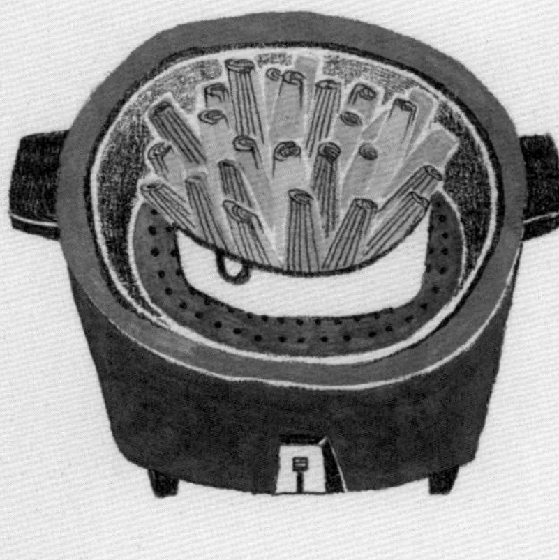

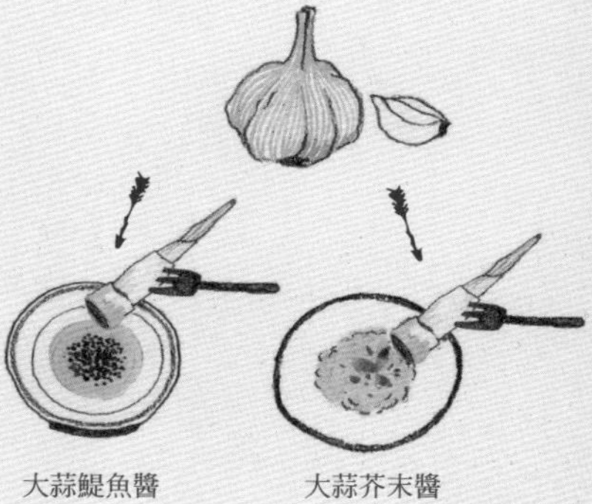

大蒜鯷魚醬　　大蒜芥末醬

〔節氣餐桌〕秋分

月圓，和自己最親愛的一起，
用心祝福，每件事情都能圓滿。

寒露

〔交節日〕國曆10/7-9

〔今天〕

寒露涼 大地土黃
總要加件衣裳 厚積而薄發

夜寒如水，露水將凝結成霜
寒露麥，老農家都說寒露適合種麥
又逢九月九，風吹滿天哮
寒露的風，來放風箏
最好

靠山吃山

［金針花乾］

產季：7月至11月（花東金針花綻放）花乾全年

產地：南投，花蓮，台東

［梨子］

我們這次買的品種是鴨梨！

產季：9月至10月

產地：新竹，苗栗，台中，南投

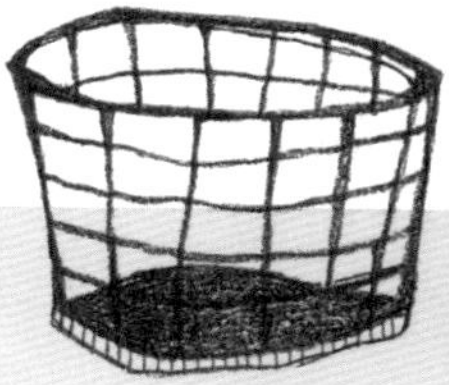

菜市場

{金針花乾}
我們喜歡對土地友善的朋友。

哪裡買 花蓮富里／黑暗部落　可網購

{鴨梨}
這次所買的是種植不易的鴨梨，種植它的小農，是因爲家人的喜愛，所以繼續留下樹種。

哪裡買 台中梨山／家興果園　HUG網購

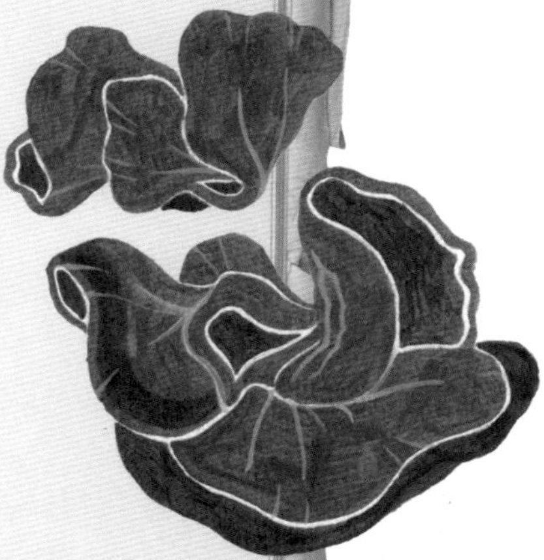

〔三菜一湯 過日子〕

想一下喔！

寒露，寒字都出來了，
好一個秋季，
讓夏的暑熱到冬的冰冷，可以緩緩地移轉，
緩緩秋來還留的燥，
就用金針花蔬菜麵線，補充身體所需的滋潤，
再加顆梨子燉成的梨花帶雨，
日子跟著盛產吃，身體也就照顧好了。

【有沒有冰雪聰明】

汆燙加點鹽或加點白醋及油，
加鹽或加少許白醋會讓蔬菜的顏色變得更美麗，而其中白醋會讓蔬菜煮完後變甜。
如果沒有白醋的話也可用糖來取代，而加點油可以讓蔬菜更具光澤。

忘憂的金針花

金針花，又名萱草、忘憂草，因爲古時遊子遠行，種萱草供母親賞花以忘憂，所以人稱母親花，不過它的母親花代表性卻不敵康乃馨，反而是它的花，六十石山的花海迷人，鮮採花苞可入菜，曬乾金針花乾更是古老的食材、藥材。

湯【金是好湯】金針花蔬菜麵線

這是一道擁有豐富土地顏色的湯，
龍鬚線、金針橘、蘿蔔紅，好像把秋天，都放進來了。

那先來準備一下

- 金針花乾—10g
- 龍鬚菜—1/2把
- 豆芽菜—約莫用單手抓2把
- 紅蘿蔔—1/3根
- 高麗菜—1/4顆(和龍鬚菜等量)
- 黑木耳—手掌大1朵
- 海帶芽—食指、中指和大拇指三指所抓起的量
- 老薑—少許
- 山芹菜—適量
- 麵線—4小捆

愛有味道

- 香油—適量
- 白芝麻—適量
- 白醋或糖—少許
- 鹽—少許

RECIPES

- 先撒麵線，和之前我們做絲瓜麵線的方法一樣。
- 記得最後要淋上一點橄欖油，麵線才不會黏在一起。
- 金針花乾先泡水，然後就要來展現刀工了。

1. 龍鬚菜撕掉較老處，留嫩的部分，切段。
2. 豆芽菜去頭去尾、黑木耳切條狀。
3. 紅蘿蔔和高麗菜分別切絲。
4. 將龍鬚菜、黑木耳、海帶、豆芽菜、紅蘿蔔絲及高麗菜，分次汆燙。

- 使用同一鍋水即可，因為我們要讓此鍋匯集各種蔬菜的菁華。
- 有沒有很厲害的樣子，再加入完成後的麵線。
- 不要為了趕時間，就把所有蔬菜一起汆燙，因為每種蔬菜煮熟時間點不一樣。
- 所以慢慢來吧！觀察每種蔬菜煮熟的樣子，也是一種樂趣！

5. 在器皿內加入香油、鹽及胡椒粉，先將這三種香料拌一拌。

- 再將汆燙好的蔬菜放入攪拌，最後灑上適量的白芝麻，放在煮好的麵線上，就大功告成了！
- 喜歡湯湯水水的朋友，可將鍋內的蔬菜湯加入一點鹽巴。
- 讓大家自己加入一點湯，就可以品嚐到另外一種蔬菜湯麵的感覺了。

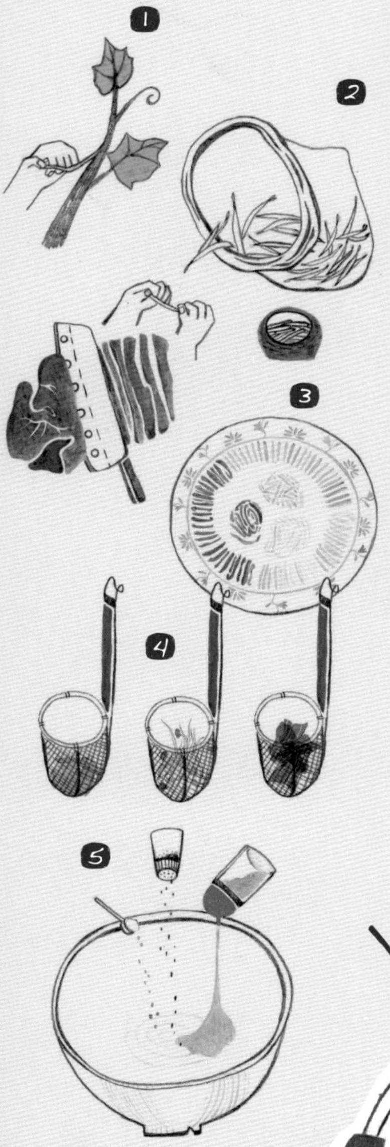

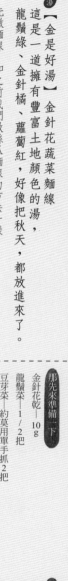

菜【梨花帶雨】

可以將全部的材料一起燉煮，
放在美美的透明容器，讓大家自己舀。
不過也有另一種，
想要自己獨享，或者讓餐桌上充滿可愛的梨子作法，
就是先將梨子的果核挖出，使梨子呈半空，變成盛裝容器，
銀耳泡軟後，放入清水中加入冰糖熬約30分鐘，
桂花以熱水泡開，將桂花水倒入熬煮中的冰糖銀耳，
煮至水分略收乾，就像是蜂蜜的稠度，
接著把銀耳桂花糖漿倒入半空的梨子盅，
放入電鍋蒸約15至20分鐘，
就完成一顆顆，端上餐桌看起來會厲害的一道菜了！
記得要趁熱吃，才有溫潤的口感。

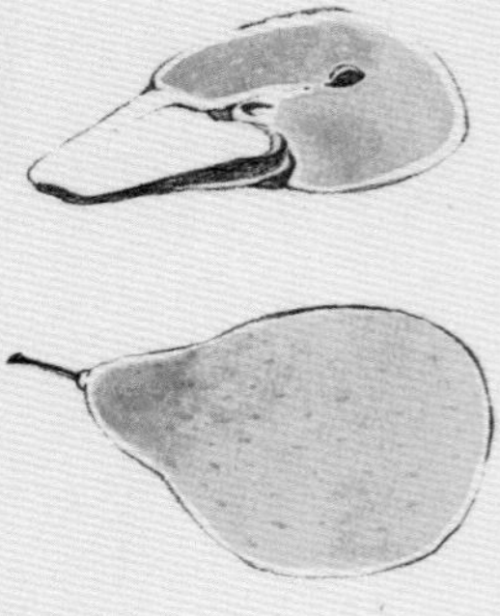

鴨梨，爲什麼叫做鴨梨？

這是因爲鴨梨果柄處，有一個像鴨嘴形狀突起的地方。果形卵圓形，也很像鴨頭，所以就叫它「鴨梨」。

菜

【菇菇雞】野菇燜雞

- 將雞腿肉切塊備用，花椒先爆香瀝起，再加入薑片炒香。
- ❶ 放入雞肉塊拌炒一下，加入月桂葉，把雞肉塊炒至金黃。
- 再加入柳松菇拌炒，加水蓋過食材煮滾。
- ❷ 放入些許紅棗，當湯汁收至1／3後加枸杞。
- ❸ 加點鹽即可起鍋。盛盤的時候，取一個有深度的盤子或以陶鍋來裝，就會有燒大菜的感覺喔！

菜

【青山白玉之一】青江菜炒杏鮑菇

將大蒜壓扁後入鍋炒，
加入切片杏鮑菇拌炒一下，
最後加入青江菜，
加點鹽調味，即可起鍋。
盛盤時，盤子上便會看見那深綠、
淺綠與玉白的交錯，
所謂的青山白玉便完成了。

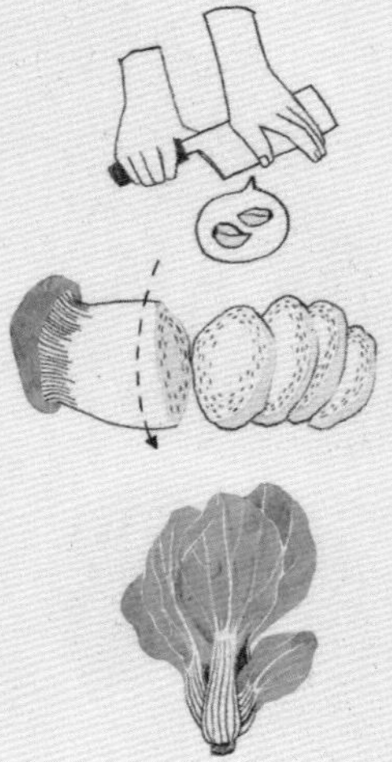

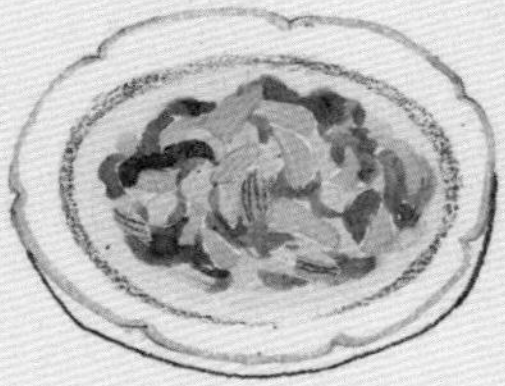

湯

【青山白玉之二】青菜豆腐湯

好聽的青山白玉湯，
其實就是青菜豆腐湯，
用透明的鍋來盛裝，
讓清爽從眼底就散發出來。

〔節氣餐桌〕寒露

節氣裡第一個「寒」字出現，
幸好寒的只是露水，
散散步、發發呆，
明天去放放風箏如何。

霜降〔今天〕

霜降微愁 芒白
楓紅 芒白
柿紅 霧白
蟹紅 霜白
美得讓人不敢用力呼吸

〔交節日〕
國曆
10/23-24

霜降，風颱走去藏

霜降後，颱風季節也跟著結束

走過梅雨，經歷颱風

霜降彷彿是平靜的日子

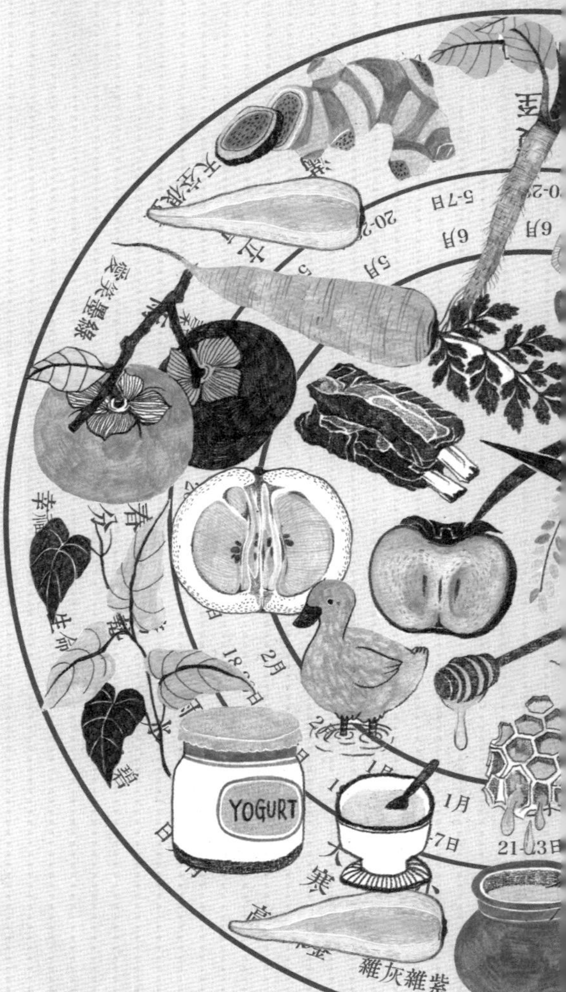

【牛蒡】

產季：10月至次年2月

產地：宜蘭，彰化，雲林，台南，屏東

【山藥】

產季：9月至次年4月

產地：宜蘭，新北，桃園，新竹，南投
彰化，屏東，花蓮

【鴨耕米】

台農71號

苑裡 鴨耕米

【甜柿】

產季：9月至10月

產地：新竹，苗栗，義義，台中

【白柚】

產季：霜降後盛產

產地：台南、苗栗及雲林等

霜降

菜市場

{有機牛蒡}

有機牛蒡，我們購自台南佳里的野菜達人，現在網路便捷、物流發達，好食材很輕易到手。

哪裡買 台南 / 野菜達人

{有機山藥}

這次我們選用的台灣原生種三葉，外型細長狀似牛蒡，長度約有120~150公分。口感Q汁液密，豐富飽滿纖維細緻，適合耐久燉煮。

哪裡買 嘉義竹崎 / 勝源有機農場

{甜柿}

柿町在東勢軟埤坑休閒農業園區內，夏天來賞螢，秋來吃這裡的甜柿，不必富有的大塊頭，次郎很適合。

哪裡買 台中東勢 / 柿町農場

{有機白柚}

前面秋分的節氣，我們使用文旦做沙拉，而緊接在文旦產期後面的，就是白柚了。這次的白柚我們是和人稱藥草達人的信義阿伯購買，一接到阿伯的白柚，沉沉的，就有預感將是一顆充滿juicy的白柚。

哪裡買 嘉義 / 信義藥草水果園

靠海吃海

[白蝦]

有人稱牠白秋蝦或白對蝦，是台灣中南部沿海養殖區普遍養殖，成為取代草蝦的蝦種。殼比草蝦薄，煮後色澤略淡一些，甜度也與草蝦相當。

〔三菜一湯 過日子〕

想一下喔！

到了霜降這個節氣，雖然，已經是秋天的最後一個節氣，
但似乎也是到了霜降，整個秋的顏色，都綻放了出來。
牛蒡、山藥、白柚，讓霜降有了白色，柿子紅了，讓餐桌上秋意滿滿，
霜降後，就是冬天了。

牛蒡

長條的褐色牛蒡，像極了牛的尾巴。

牛蒡質量重，味道好，
易彎曲的牛蒡通常也較嫩，
口感當然也好。

台灣喜歡的吃法還有切絲涼拌，以及切片後泡茶，
可以說是多元化吃法的健康蔬菜。

山藥

VS

[台灣原生種山藥]
瘦瘦的、扁扁的，但是黏性飽滿
口感Q鬆軟，適合煮湯。

[日本山藥]
口感脆，適合生吃。

湯

【好蒡粥】牛蒡山藥排骨粥

霜降節氣，用牛蒡，為元氣加分，
山藥，健康滋養，
一碗好蒡粥，讓生活充滿好棒的力量。

1. 先將排骨汆燙去血水，然後瀝乾。
2. 準備煮熱水，1杯米搭配8杯水。
3. 將牛蒡切片，切越薄越好。

因為或許會有人不喜歡吃到牛蒡的纖維，而且薄片比較容易煮爛。

4. 山藥滾刀切塊（約大拇指大小），之前大暑絲瓜麵線湯有教過。

忘掉的朋友可以趕快翻回去，複習一下。胡蘿蔔刨絲。

- 以上材料都準備好後，先讓它們在旁邊等一下。
- 水煮滾後，將去過血水的排骨放入滾水中煮約半小時。
- 如果喜歡吃軟爛一點，可煮久一點。

5. 依序將米、牛蒡、山藥、老薑放入排骨湯中，以慢火熬煮。

- 第一次粥煮滾後，放入胡蘿蔔絲。如果胡蘿蔔絲切較粗，就煮久一些。

這時候，就會發現胡蘿蔔有顏色點綴的效果，讓整鍋粥都亮了起來。

6. 起鍋前加少許鹽或白胡椒調味。

- 好蒡粥剛完成時會比較稀，可以等米再煮軟稠一點，會更好吃！

那先來準備一下

牛蒡—約1/2支
山藥—小支1/2支（約手掌寬）
排骨—可視人數做調整
胡蘿蔔—1/2支
老薑—約大拇指長
米—1杯

愛有味道

鹽—適量
白胡椒粉—適量

菜

【好柿雙貝】

切成丁狀的柿子，調拌成鹹鹹的醬，淋在干貝上，
每一口有鮮味、甜味，每一口，美味加倍，
切成薄片，擺得美美的，原味也就很厲害了！

喝到霜降水的白柚才好吃

寒露到霜降節氣，是大白柚採收的好時機，
吃法豐富，可沾糖、鹽、梅粉等中和酸味。

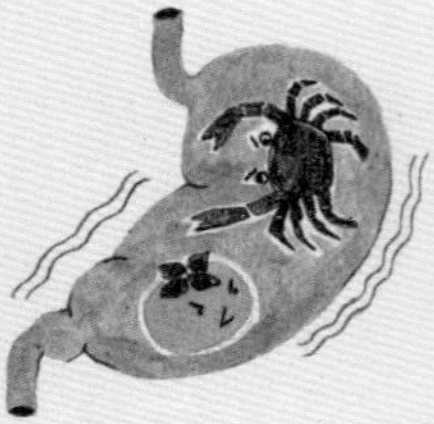

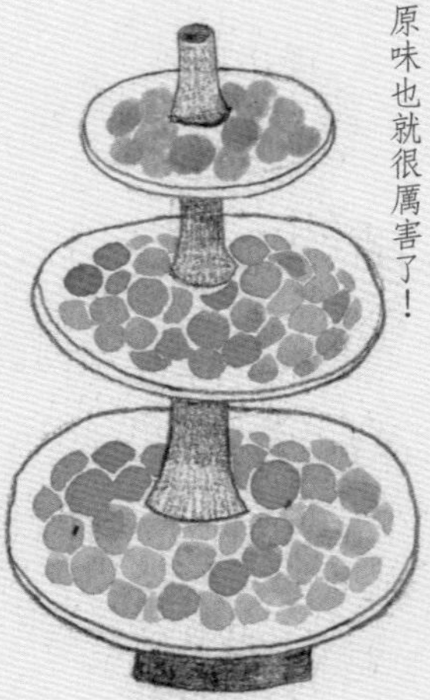

秋天吃柿子好處多，然而螃蟹的豐富蛋白質
與柿子中的鞣酸相遇，容易造成胃不舒服，
因此不建議將二者一塊食用。

干貝小知識

選購干貝原則在於形狀圓且完整，
色呈金黃光澤最是好。

如何剝好一隻完美的蝦 / 以生蝦爲例

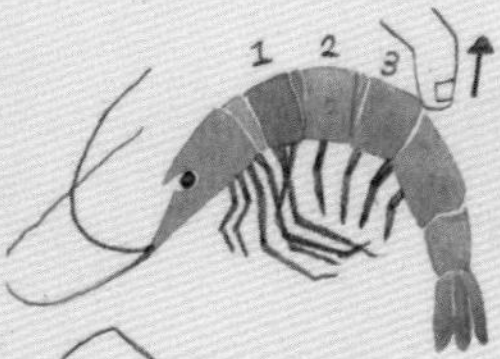

❶ 將生蝦拿起，由上往下數來第三節的地方，將背部的殼由下往上剝起。

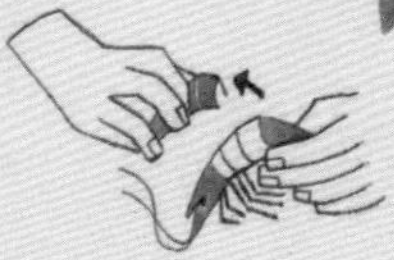

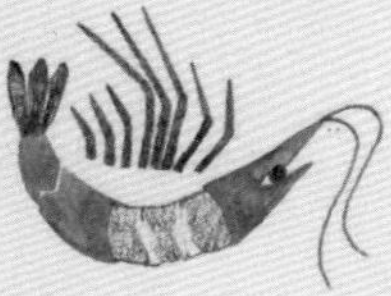

❷ 再拔掉蝦子全部的腳。

❸ 最後將蝦子的尾巴往下拉，便可以將後半部的殼全部拉下了。

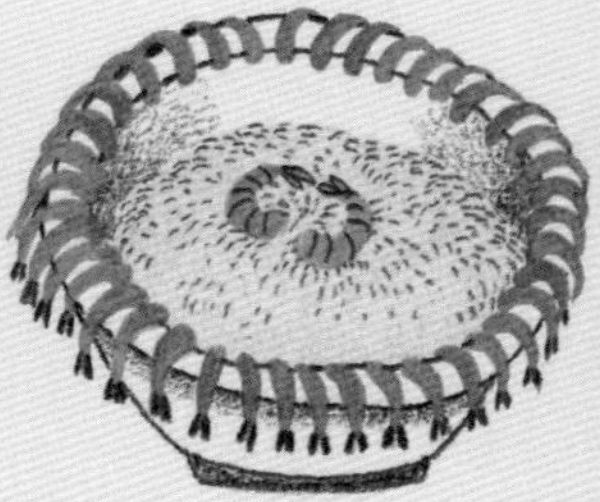

【柚有驚喜】白柚篇

白柚會比文旦還要再酸一點，
所以淋上適當的蜂蜜優格醬，均衡了酸味，
配合上新鮮的蝦子，要記得賢慧的剝殼，
一湯匙一口，是滿足的驚喜。

【蒜五花下酒菜】蒜味五花肉

將五花肉切小塊，用小火煎至恰恰，
加入2顆壓扁的蒜頭，炒香，
再淋上醬油，待醬油香氣出來，
最後加入蒜白，起鍋前再加入蒜苗即可。

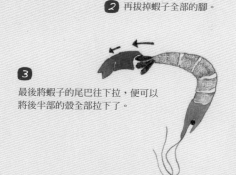

〔節氣餐桌〕霜降

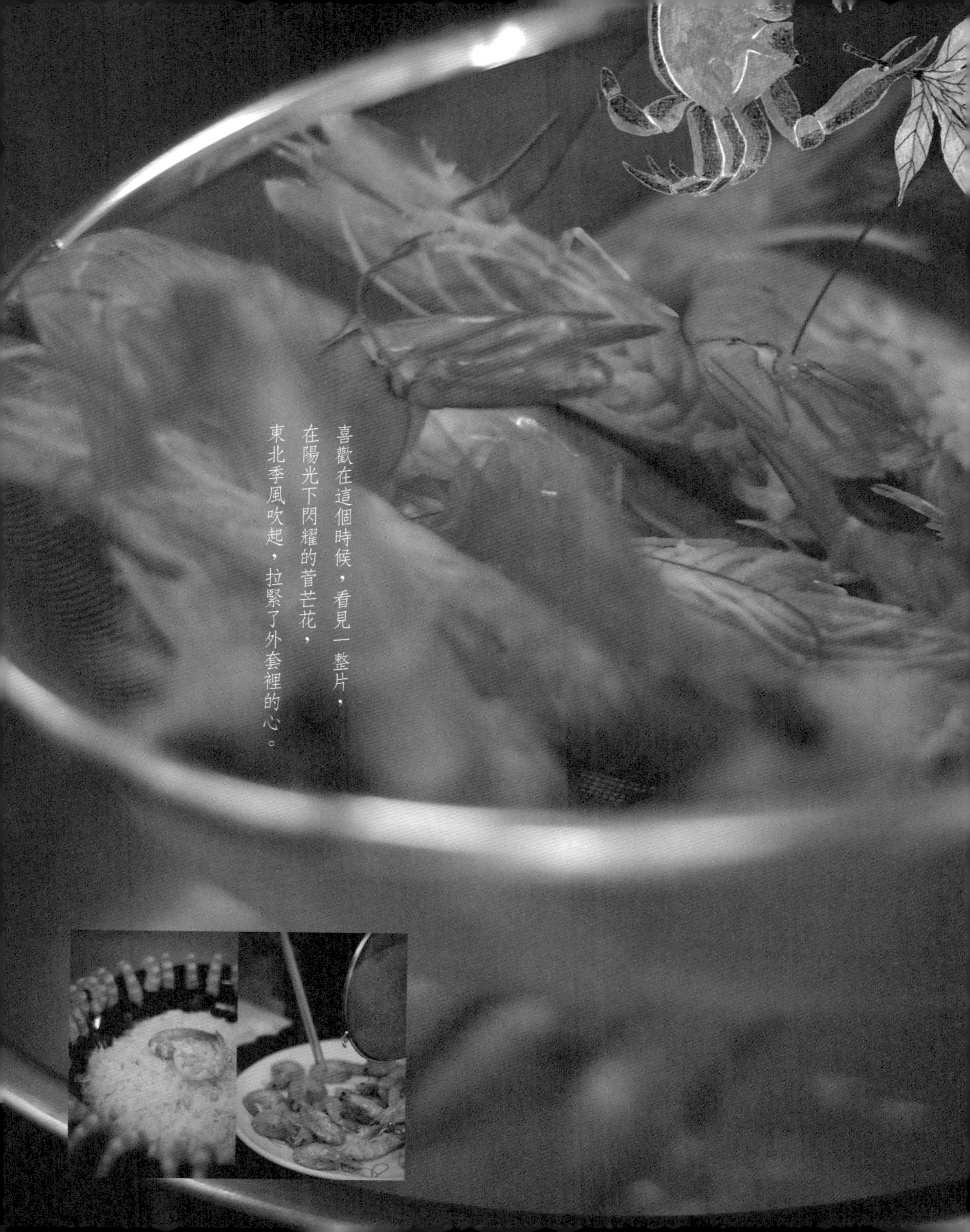

喜歡在這個時候，看見一整片，
在陽光下閃耀的菅芒花，
東北季風吹起，拉緊了外套裡的心。

立冬〔今天〕

立冬收 禾木深棕

存著藏著

一方面內省而存在 一方面外在而密集

〔交節日〕國曆11/7-8

入冬田頭空
二期稻作收成完
一年辛勞心力付出
補冬補嘴孔
讓來年又是一副
神清氣爽的體魄與靈魂

[黑芝麻]

產季：春收約莫5至6月，秋收約莫11至12月

產地：黑芝麻產地集中嘉南（彰化、雲林及台南）地區，其中以台南善化、西港為大宗

[木瓜]

我們買的品種是紅妃木瓜

產季：6月至11月為木瓜食用的最佳時間

產地：集中在苗栗頭屋，雲林林內，台南高雄，屏東

[椪柑]

最好是買有機的，因為我們要用皮來泡茶

產季：11月至次年1月

產地：新竹，苗栗，台中，南投，雲林，嘉義及台南為主要產地

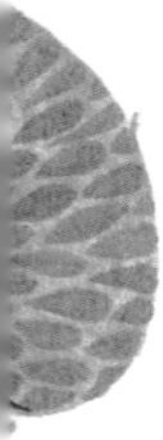

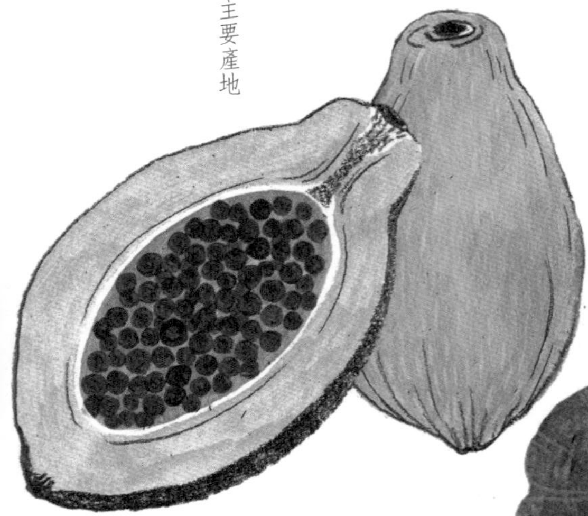

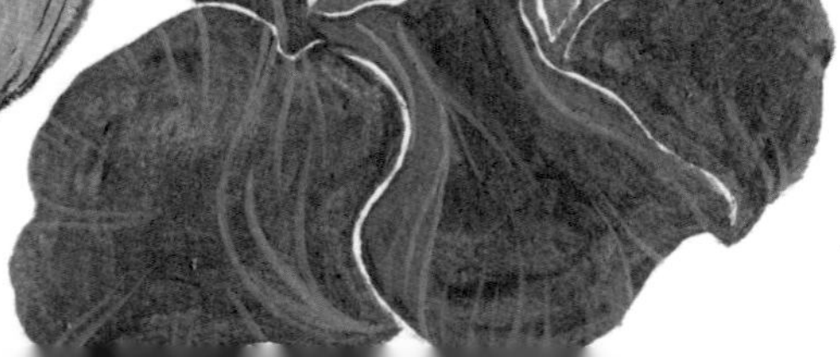

菜 市場

{黑芝麻}

這次所使用的黑芝麻選擇爲烘烤過的黑芝麻粒，自己手工磨成粉，可以品嚐到黑芝麻顆粒的口感。這次所購買的熟黑芝麻粒是來自芝麻產地台南所製成，用低溫烘烤保留產品原貌再研磨。永吉利的所有產品都是自產自銷，小小的攤販，30年來長期在沙鹿菜市場川客肉脯店前固定擺攤。

哪裡買 台中沙鹿 / 永吉利

{紅妃木瓜}

紅妃木瓜很適合採收青木瓜，因爲果實較大肉質結實，適合做蔬菜調理、醃食或蜜餞之用。

哪裡買 苗栗後龍 / 阿塗伯有機農場

{有機小葉紅}

「洺盛農場」是由陳洺浚及黃雅惠這對30出頭的年輕夫婦共同經營，他們倆投入有機茶園的工作，已經將近10年時間。

哪裡買 南投名間 / 洺盛農場

〔三菜一湯 過日子〕

立冬

餐桌一定要美美的

冬天，油綠轉橘的燈籠花，讓冬天的餐桌，有了溫度。

想一下喔！

立冬補冬，補嘴孔，
開始進入冬天，天氣將越來越冷，
傳統裡，過冬擋畏寒，立冬前後是最佳進補時間，
但是，在這個節氣中，
氣溫容易回升，所以進補不能過多，適當就好。
所以，這次就交給黑芝麻來爲立冬溫補吧！
尤其冬天特別適合多吃「黑」色的食物，
因爲腎與自然界五色配屬中屬黑，腎與冬相應，
食用黑色食物，可以益腎強腎，具增強免疫力之作用。

那先來準備一下

黑芝麻（烘烤過）—1/2杯（米量器）
黑木耳—1朵（約手掌的1/2）
糙米—1杯
米—1/2杯
紅蘿蔔刨絲—1杯
排骨—8塊

愛有味道

鹽—適量
白胡椒粉—適量

又米麻＝

一.胡人之麻。
二.老阿嬤的祖傳秘方，擦黑麻油可以防蚊蟲叮咬。
三.是糖果及點心的重要原料。
四.木乃伊的亞麻布。

湯

【又米麻】黑芝麻鹹粥

冬天進補，多吃又米麻。

- 將排骨氽燙去血水、瀝乾。
- 煮一鍋熱水（1杯米搭配8杯水，因為糙米不太會吸水，所以照此比例即可）。

❶ 再將黑芝麻用研磨缽磨碎，不需磨太細，
因為主要是讓黑芝麻香味磨出來。
這道料理希望可以讓大家品嚐到芝麻粒的口感。

- 也可另外磨半杯黑芝麻粒，等又米麻煮好後，讓大家自己加入。

❷ 然後把黑木耳切絲、胡蘿蔔刨絲，在旁邊先等著。

- 水煮滾後，將去過血水的排骨放入滾水中煮約半小時（如果喜歡吃軟爛一點，可煮久點）。

❸ 把洗淨後的糙米、黑芝麻、黑木耳和紅蘿蔔絲放入排骨湯中。

❹ 以慢火熬煮，記得適時攪拌，別讓鍋底粥黏鍋導致燒焦。

❺ 起鍋前加少許鹽及胡椒調味。

- 就完成了這道要為家人補冬的又米麻了！

RECIPES

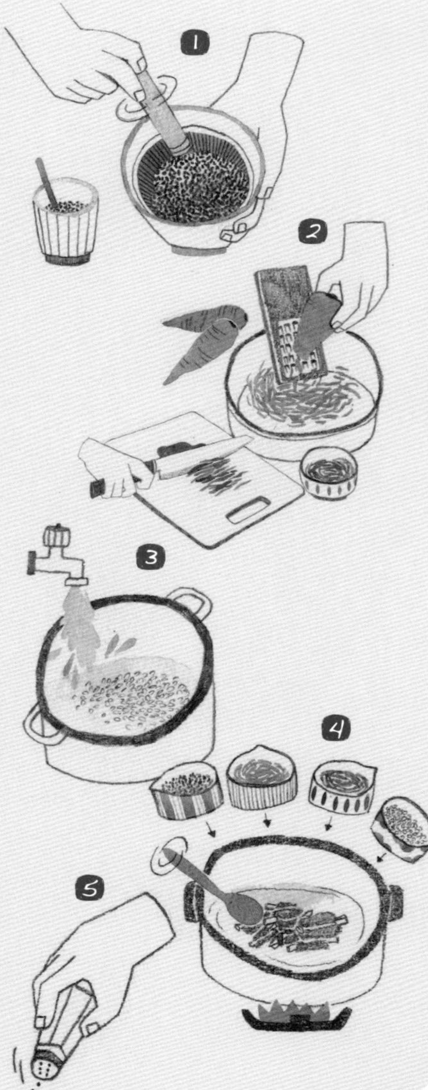

菜【PA PA YA】青木瓜沙拉

這時候，
天氣會忽然很燥熱，
彷彿回到了夏天，
此時來一盤青木瓜沙拉，
開胃一下！

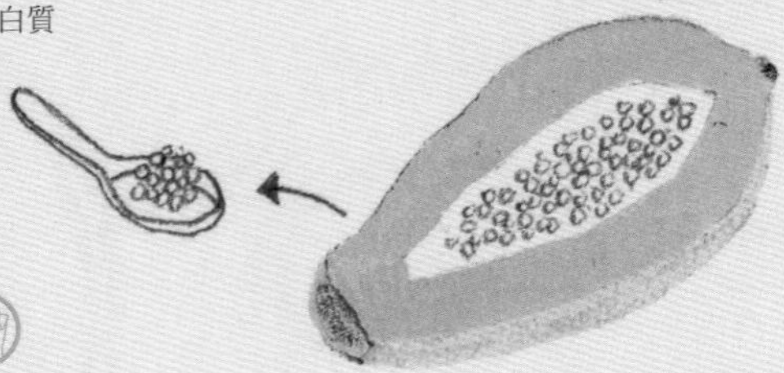

相宜的黃金搭配

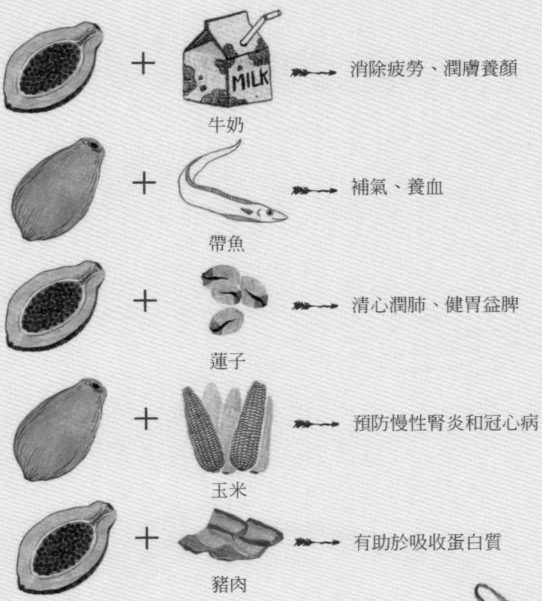

相剋的禁忌搭配

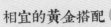

【小葉紅】椪柑威士忌紅茶

很適合冬天的飯後，為幸福，乾杯一下！

將有機椪柑之果皮切成約1.5～2公分正方，將丁香插入果皮中央，
將正滾沸的熱水，沖入已放茶葉的壺中，加入一點水晶冰糖，讓紅茶的香味更濃厚。
準備透明的杯子（透明的比較美），將插好丁香的椪柑皮，放入杯中，
加入一點點的威士忌，喜歡喝酒的可以再偷偷多倒一點，
將已泡好並加入一點冰糖的熱紅茶倒入杯中，
就是一杯溫暖又具冬味的小葉紅了。

那先來準備一下

- 小葉紅—適量沖泡成1壺
- 威士忌—少許
- 有機椪柑皮（需無農藥殘留）
- 丁香—1根
- 水晶冰糖—少許

【白雲朵朵開】咖哩馬鈴薯白花椰菜

將馬鈴薯切小塊後用水煮熟，盛起瀝乾，
起油鍋放入洋蔥炒香，
再放馬鈴薯一起拌炒，
加入咖哩粉炒一下，加點水，
最後加入白花椰菜一起悶煮，煮至爛爛的，加點鹽調味即可。

〔節氣餐桌〕立冬

冬天 因為畏冷，所以我們往熱源靠近，而其實，
更重要的是，我們喜歡聚在一起的模樣。

小雪

〔今天〕

小雪感恩　微風紫

若我的孤單是因為你　那我就沉默不語

〔交節日〕國曆 11/21-23

寶島的小雪
十月還有小陽春
小雪
烏魚群小小地來到
豆仔魚肥到不見頭

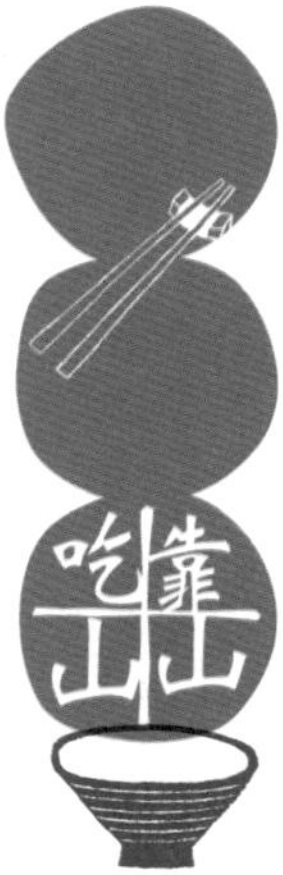

［大白菜］
產季：從11月至次年5月都是大白菜產季，又以冬產量最多
產地：冬季的產地在彰化、雲林、嘉義、台南等地，
夏季產地則以高冷地區為主（如梨山）

［橄欖］
生命之樹
產季：約莫11月
產地：台灣主產地為新竹寶山

［楊桃］
產季：南部6月至次年3月，中部7月至次年4月
產地：主要分布在苗栗、台中、彰化及台南等地

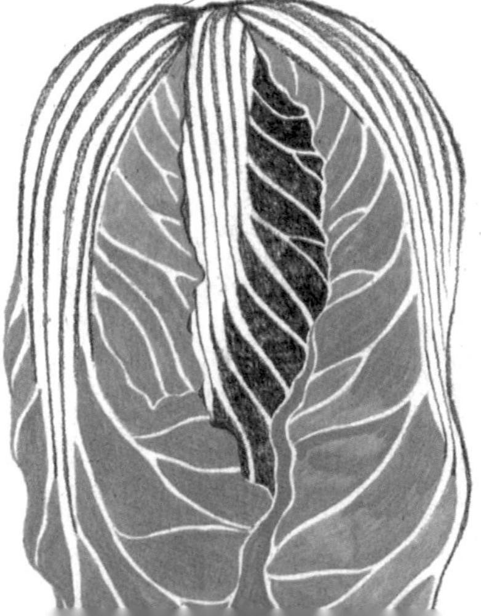

小雪

菜 市場

{有機大白菜}

走進菜市場，就可以發現原本被綠油油攻佔的菜攤上，已經開始轉換顏色，逐漸地有了冬天的味道。

哪裡買 雲林元長 / 迴善有機農場

{橄欖}

台灣所種的橄欖，大多屬於台灣山區原野生品種，此種品種的油脂比例相較於國外專門榨油用的橄欖來的少，因此主要是用來食品加工及保養產品的製造。

哪裡買 南投中寮 / 如虹有機生態農場

{白布帆楊桃}

楊桃產季共四期，其中第二期產的楊桃脊肉特別豐厚，口感絕佳，第二期的時間約在10月底。

哪裡買 苗栗卓蘭 / 瑞雪果園

小雪

餐桌一定要美美的
來快樂的跳舞吧！
來看！
有沒有看到一個小精靈在跳舞的樣子。

〔三菜一湯 過日子〕

想一下喔！

小雪，基本上台灣平地是不大可能下雪的，
但是，隨著氣溫逐漸下降，
許多雪白類的菜，都在這個季節開始盛產，
這次我們用大白菜，讓餐桌開始換季吧！

那先來準備一下

大白菜—1顆，小的就好
牛番茄—2顆
香菇—6朵
老薑—差不多和拇指一樣大
豆皮—1/2條或1條，喜歡吃就多準備一點
五花肉—1盒，差不多是一般超市所包裝的1盒量
冬粉—1把

愛有味道

鹽—適量
白胡椒粉—適量

【有沒有冰雪聰明】

[分批煮白菜] 煮白菜的時候，如果想要吃軟硬不同的口感時，可以將梗與葉的部分區分，再分不同的時間點，下鍋處理就可以。

[豆皮汆燙] 這麼做的原因是，除非是熟識的店家，不然一般買到的豆皮，不曉得是以什麼油炸成，汆燙豆皮將油味去除，以免讓湯裡多了一股油味。

湯【小雪粉】大白菜蔬菜冬粉

跟著節氣過生活，即使平地不下雪，
但也能透過料理，讓自己想像那一片雪景。

1 將香菇洗淨，濕潤就好不需要泡水，切碎或切絲。

2 番茄切成小塊(1/4瓣或1/4的對半都可以)。

• 將大白菜的每一葉洗淨，大約切成1/4大小。

• 冬粉以一般常溫自來水，泡軟。

3 豆皮汆燙，去油。

4 在平底鍋放入一點油，將切碎的香菇放入，以大火炒出乓共共的香菇味兒。

• 放入薑末續炒，薑香飄出後，把番茄放入繼續拌炒。

• 將拌炒過的番茄，加水煮成的番茄湯才好喝！所以煮番茄湯也要這樣做喔！

5 放入大白菜的梗(較硬的地方)，繼續拌炒，想要吃較脆硬的口感，可自行控制拌炒的時間，再加入葉子的部分一起拌炒。

• 炒至番茄已熟爛，加入切片的豆皮。

[主要是因為每個人喜歡的口感都不一樣，有人喜歡脆硬的蔬菜，有人喜歡軟爛的蔬菜，那就讓鍋裡有兩種口感，恰恰好！][其實炒好的料，加點鹽，就是一道蔬食配菜。]

6 將炒好的料，加適量的水(需看大白菜出水狀況)，以大火加熱煮滾。

7 起鍋前加入五花肉片與冬粉(需將冬粉以剪刀，剪成每段約莫5公分的長度)。

• 五花肉熟了之後，加鹽與胡椒，即大功告成。

小雪

【星星】楊桃醬鹹豬肉

煮熟的楊桃，
更能呈現果香那成熟的韻味，
加入一點話梅，鹹甜鹹甜；
搭配自己做的鹹豬肉，
超級對味！
另切一盤星星狀的白布帆楊桃，
光是原味，也就很經典。

【液體黃金】橄欖醬雞排

橄欖油，有地中海的液體黃金之美稱，
這次我們將橄欖切成碎丁，
變成鹹鹹的橄欖醬，
橄欖那獨特芬芳的滋味，
加上煎得剛好的雞排，
似乎，來到地中海渡假了。

橄欖葉，和平的象徵

【衝天菜】衝菜・嗆菜

將大芥菜花洗好後瀝乾，擦一下切段，
將鍋燒熱，加入芥菜花拌炒一下，
馬上用密封袋包起來，約4～6小時即可食用，
品嚐的時候灑些芝麻和醬油。

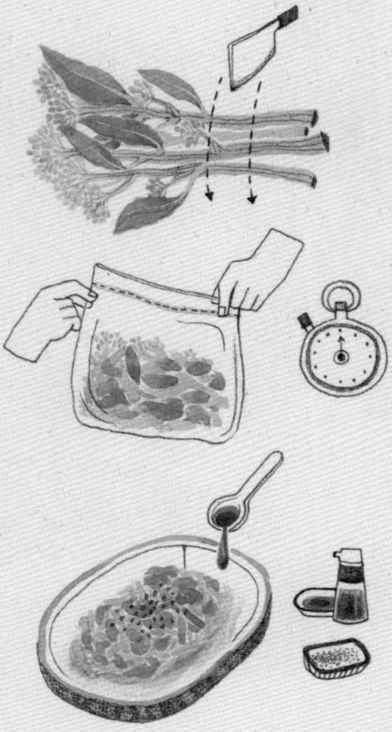

另一吃【衝菜配豆腐】

將傳統豆腐過水後放涼，把豆腐抓一抓，
將放在冰箱的衝菜拿出來，
加一點鹽、醬油膏、香油和芝麻就非常好吃又爽口。

〔節氣餐桌〕小雪

其實，我們所期待的，並不是下雪，
而是，那寧靜的世界。

[交節日]

大雪〔今天〕

大雪飛 漫天灰
感謝 曾經風暴
感謝 豐盛供應
大地的溫柔 其實藏在最深的地方

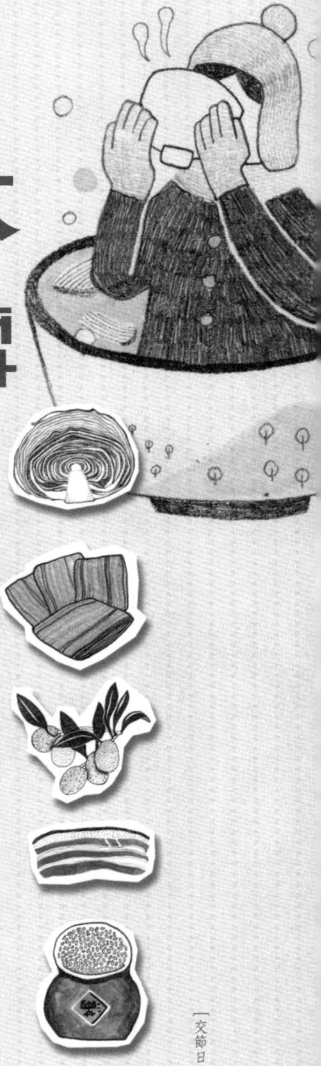

〔交節日〕國曆12/6-8

「瑞雪兆豐年」

瑞雪兆豐年

寶島天青雲薄薄

是一種如春的四季分明

大雪只在高山紛繽

不在常民普降

雪與白

是心靈的靜與淨

［高麗菜］

產地：冬季平地產（彰化、雲林為主），夏季高山主產

［金棗］

最好是買有機的，因為我們要連皮一起吃下去！

產季：11月至次年3月

產地：主產地宜蘭、雲林、彰化也有種植

大雪

菜 市場

{有機大白菜}

冬天的菜舖，會擺上一顆顆的當令高麗菜，讓菜舖變成一間花店，像是一朵朵的盛開的白玫瑰。

哪裡買 彰化社頭 / 寬玉有機農場

{有機金棗}

冬天，金棗也進入了盛產期。最喜歡在冷冷的天氣裡，喝一杯金棗茶，讓心暖暖的。

哪裡買 彰化大村 / 劍門生態花果園

〔三菜一湯 過日子〕

想一下喔！

雖然台灣一年四季都可以吃到高麗菜，
但是，冬天吃到的高麗菜，屬於當令蔬菜，
這個季節就是它們當主角，在平地也能盛開。
高麗菜，除了一般的快炒和作爲火鍋必備的蔬菜之外，
也能作出一道簡單又健康的高麗菜飯湯，
在已經圈上圍巾的天氣裡，
捧著一碗熱呼呼的湯，格外幸福與知足。

餐桌一定要美美的
劍蘭，她那柔弱的花朵，
被厚重的莖保護著，
靜靜地開在莖上，
好似豎起衣領半掩住臉龐的女子，
放在餐桌上充滿神秘與魅力。

大雪

甘藍家族

紫色甘藍雖然質地稍硬，
但味道較甜，經常出現在
生菜沙拉裡頭。

[台式泡菜]

台灣人戲稱它爲「菜母」，
因爲它是批發市場上每日到
貨最多的蔬菜！

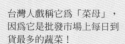

湯

【包心飯】高麗菜飯湯
一層一層的包裹著，最裡頭的那顆心

1 將五花肉、豆包、紅蘿蔔、高麗菜及香菇切絲，紅蔥頭切片。
- 倒入適當的油，將五花肉爆香。
- 把五花肉炒到恰恰，再放入已經切絲洗淨濕潤的香菇。

2 把香菇的香味炒到乒共共時，再放入已切片的紅蔥頭。

3 這時候可以研究一下，片狀的紅蔥頭，經由拌炒變成絲狀的樣子。

4 紅蔥頭的味道也乒共共和恰恰時，再放入薑絲繼續炒。
- 當薑的香味飄出時，放入生米一起拌炒。
- 把米炒乾後，一邊炒一邊加水。

「2杯量米器的水或高湯，約分3～4次倒入，炒乾一次倒一次」

- 將米心炒到透的狀態，再一起放入切絲的豆包、紅蘿蔔與高麗菜絲拌炒。

5 再加入適量的水，就像一般我們吃茶泡飯，水與飯的適量比例。
- 煮滾後，加入適當的鹽與白胡椒調味。
- 揪感心的包心飯，OK！

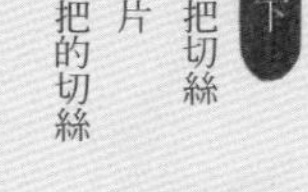

那先來準備一下

高麗菜—1大把切絲
豆包—1～2片
紅蘿蔔—1小把的切絲
香菇—3朵
紅蔥頭—2瓣
老薑—差不多和小拇指一樣大
五花肉—大概1小撮就夠了
米—1杯

愛有味道

高湯—大約2杯，假如懶得準備高湯，用水代替也是可以
鹽—適量
白胡椒粉—適量

RECIPES

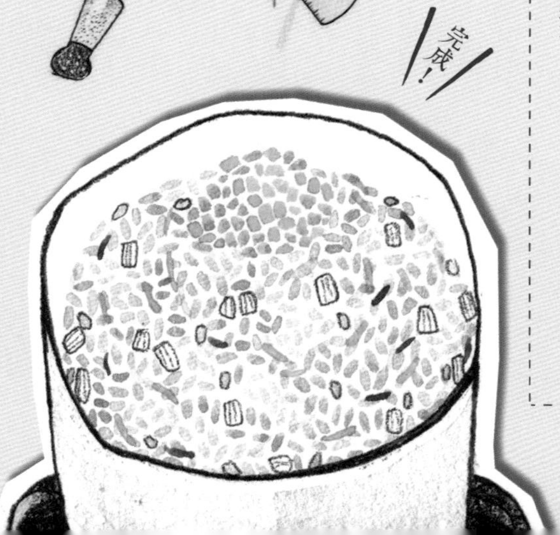

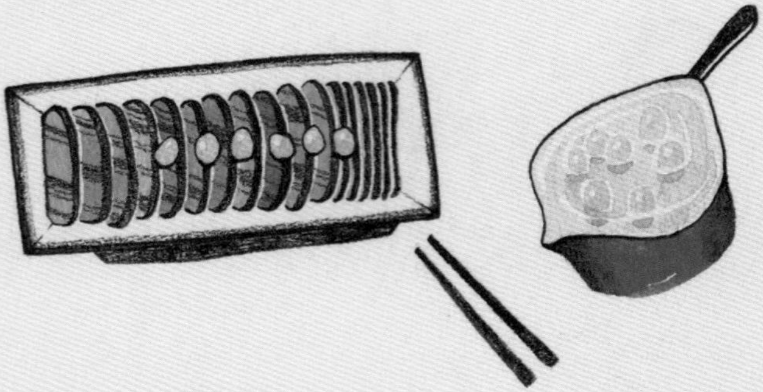

菜

【金朱】金棗醬鹹豬肉

一顆顆新鮮的金棗，
逐漸熬煮成透明的、漂亮的樣子，
除了可以拿來搭配鹹豬肉，
也可以為家人朋友，
餐後泡一杯熱呼呼的金棗茶喔！

[金棗]

- 宜蘭平原三面環山，東傍廣大太平洋，而金棗正好喜愛這濕涼的環境。

- 別名牛奶柑。

大雪

【晶瑩涼拌】涼拌洋蔥

洋蔥切絲後泡水。

醬汁：一點醬油加入半顆柳橙汁以及香油、鹽。

海底雞罐頭的油去除，將鮪魚剁成碎碎的。

將洋蔥放置底部加上碎鮪魚並淋上醬汁，

最後灑上蔥花即可。

【瓠瓜情人】涼拌瓠瓜

將刨好的瓠瓜切絲，

加入鹽、冰糖、檸檬汁放進冰箱，

冰一下即可享用，口感有如情人果，酸酸甜甜。

〔節氣餐桌〕大雪

越是寒冷，越懂得珍惜，溫暖。

冬至

〔今天〕

冬至節 團圓正紅
湯圓 羊肉爐 薑母鴨
都是一家人彼此相愛的傳統養分

〔交節日〕國曆12/21-23

一直以來
我們都信守
冬至等於團圓的傳統
不管哪一個世代來臨
大家都乖乖的乖乖的
回家，守護那個持續擴大的圓

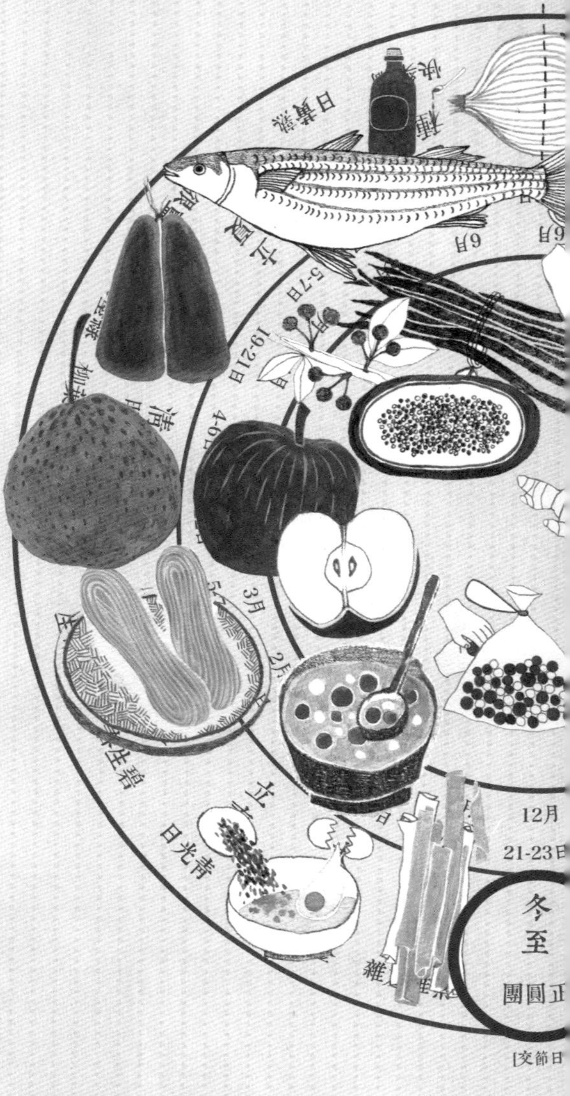

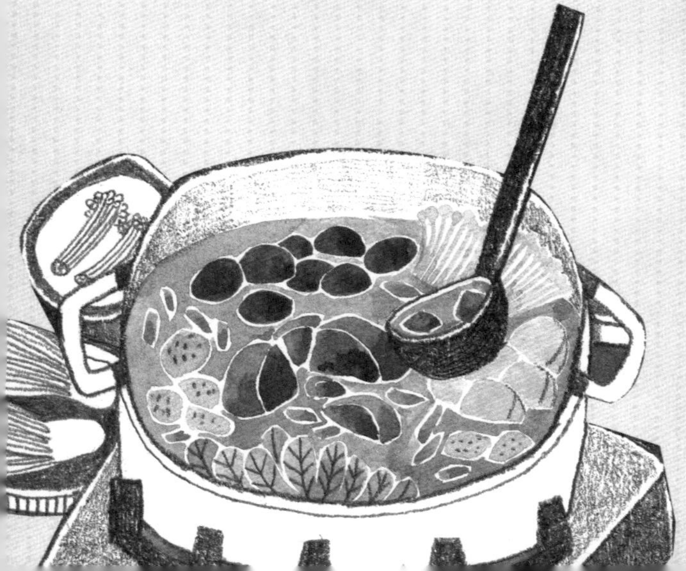

[有機老薑]
產季：8月至12月
產地：苗栗，南投，嘉義，台東

[土雞腿肉]
滿山跑的，結實的腿
產地：四季皆產

[茴香]
一早去菜市場採買，麻布袋裡裝著好幾把的茴香
產季：10月至次年3月
產地：台灣各地冬天均種，主產地集中在中南部

[黑麻油]
產地：台中明興油廠

[手工麵線]
要買不鹹的喔！

[圓仔]
冬至圓仔呷落加一歲！

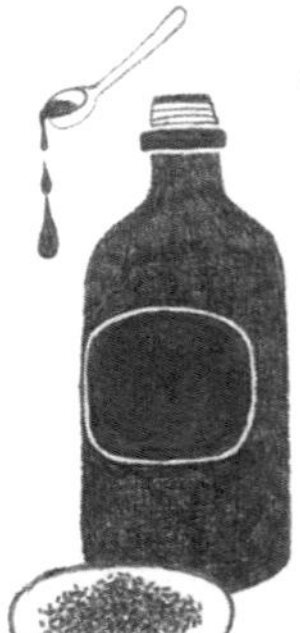

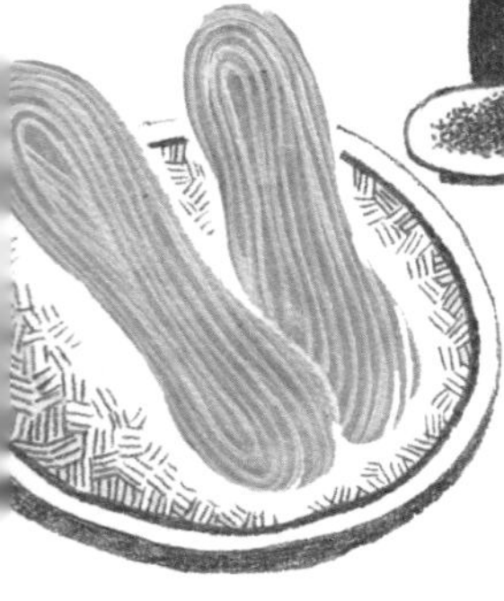

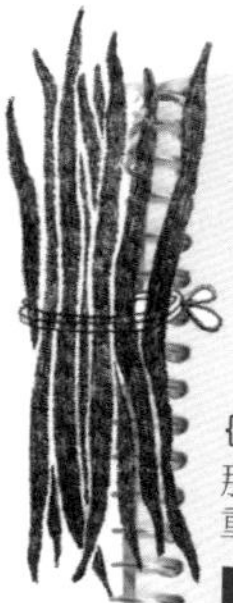

菜市場

{有機老薑}

那天，一個週六的早上，手裡握著土地的重量。

哪裡買 中興大學的農夫市集
苗栗三灣／晴晨有機農場

{茴香}

這個季節，只要到家附近的菜市場，都可以看到那一把把茂盛的茴香。
[我們通常都是到台中的向上市場買菜。]

哪裡買 台中／向上市場

{黑麻油}

我們喜歡老味道，所以更喜歡老舖。

哪裡買 台中／明興油廠

{蜜蘋果}

台灣的蘋果產量其實不多，這次買的蜜蘋果，十分小巧可愛，每顆都有扎實的吐蜜。搭配烏魚子一起吃，甜味把鮮味提升了。

哪裡買 微風市集
南投仁愛／邱錦城

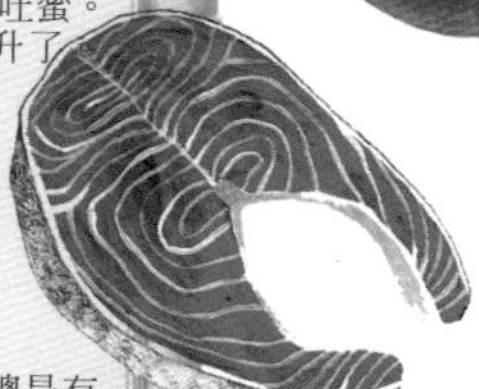

{烏魚子}

每到這時候，盛產烏魚的海港邊，總是有著一籃籃的烏魚，漁夫人家也開始忙著曬烏魚子了。

哪裡買 台中梧棲／烏魚子達人莊富雄

靠海吃海

〔蜜蘋果〕
產季：10月至12月
產地：南投仁愛

〔梨山雪梨〕
產季：11月下旬至次年1月
產地：梨山

〔烏魚子〕
產季：約在冬至前後
產地：彰雲嘉等地

〔生鮭魚片〕
買生魚片等級的喔！

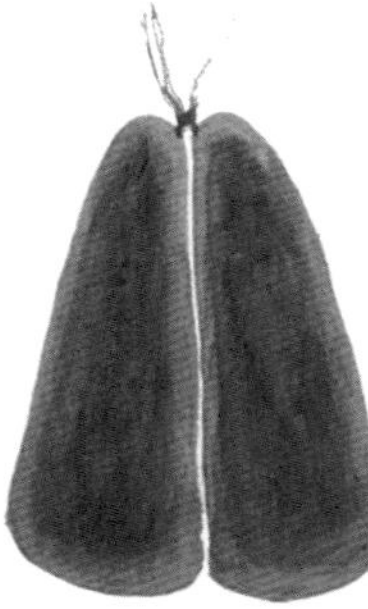

〔三菜一湯 過日子〕

想一下喔！

先來一碗熱呼呼的麻油雞麵線，讓身體暖和起來，
然後，用今天逛菜市場，那大把大把的茴香，
做個茴香三部曲，作爲配菜。
冬至是烏魚子盛產時節，一定要來片烏魚子，
這次我們不加蘿蔔，加很高級的雪梨和蜜蘋果；
然後，一定要吃湯圓，
不過我們這次來作點不一樣的，讓湯圓說聲Bonjour，
再來個甜點，巧克力蛋糕，
有夠澎湃了吧！

餐桌一定要美美的

這時候花店都是聖誕紅的天下，
紅配綠不會只是狗臭屁，選擇小盆的聖誕紅，
放在你喜歡的盆子上，擺在餐桌上的角落，
日子很聖誕，也冬至。

湯【喜冬麵】麻油雞麵線

喜歡冬天，因為總是無需擔心熱量問題，可以理直氣壯的喝上一碗暖和的麻油雞麵線

1. 先把雞塊洗淨，記得可先請老闆將雞腿肉切成適當大小。
2. 用紙抹布擦乾雞塊，雞皮炒起來才會Q，油又不會噴起來。
3. 勇敢的在鍋內倒入黑麻油。
   免驚！因為浮在湯上的油要拌麵線。
4. 黑麻油與老薑片拌炒，用黑麻油將老薑逼香。
   - 炒到香噴噴薑吸收了黑麻油，加入雞塊，在一起，繼續炒。
5. 雞肉外層變成熟白肉，外皮呈現金黃色。
6. 沿著鍋邊慢慢倒入適量米酒，讓酒氣上來。
   - 愛喝酒的就給它多倒一點！
7. 最後加入一點雞粉，或可以很賢慧的熬高湯。
   - 盛好麻油雞湯，加入已撒好的麵線，愛吃多少加多少。
   - 趕快趁著熱呼呼，用著漂亮的碗盛著，為家人補一下！

完成！

【有沒有冰雪聰明】

麻油不能加鹽，加鹽會讓麻油變苦，除非煮多人份，大鍋煮才不易察覺苦味。建議加適量雞粉或者適量高湯調整鹹味，湯就會濃濃稠稠。

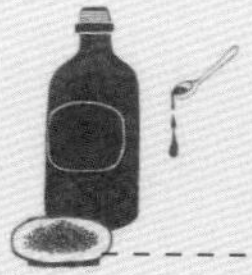

那先來準備一下

- 土雞腿肉—1支
- 老薑—手掌大
- 手工不鹹麵線—適量

愛有味道

- 黑麻油—基本3茶匙，可依個人喜好增加量
- 米酒—2瓶至3瓶半
- 雞粉或高湯—少許

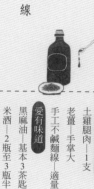

菜

【烏金】烏魚子

愛呷烏魚毋穿褲—鹿港諺語

烏魚出，見到王城肥滋滋—安平諺語

先用威士忌將烏魚子泡個10多分鐘，
這樣比較好將烏魚子脫膜，
嚐起來更香。
然後，溫柔的將烏魚子、蘋果與雪梨切片，
用牙籤將它們組合在一起。

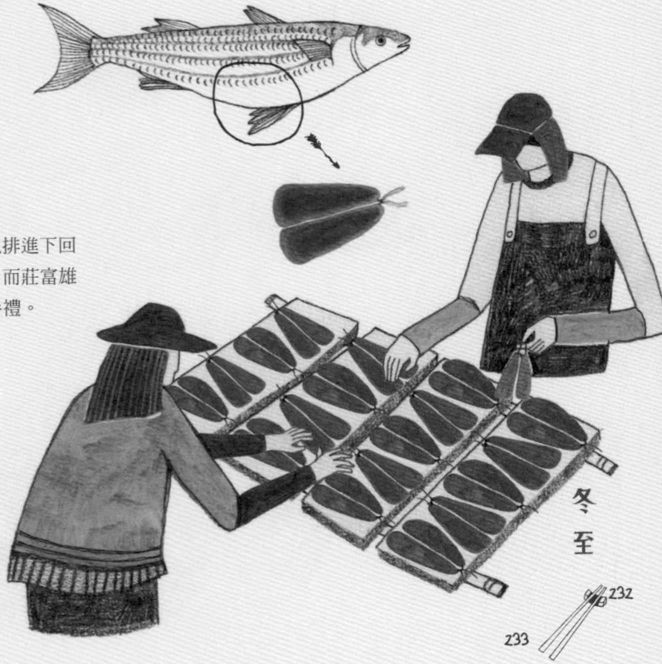

烏魚子專家

來自台中梧棲的莊富雄先生

梧棲臨近台中港，喜愛海鮮的朋友不妨把這兒排進下回的週末小旅行吧，吹吹海風、嚐嚐新鮮海產，而莊富雄先生所處理的野生烏魚子肯定是最美好的伴手禮。

小菜【茴香散步曲】原來，同樣一個菜，多點不同的心思就有不同的樣子

[洄 香] 茴香・生鮭魚片
這次來下個重本，
讓大家呷卡好，補一下！

[乒共共] 茴香・烘蛋
切碎的茴香，
與營養的土雞蛋，
攪和出乒共共的料理，
不敢吃茴香的朋友，
都吃得津津有味。

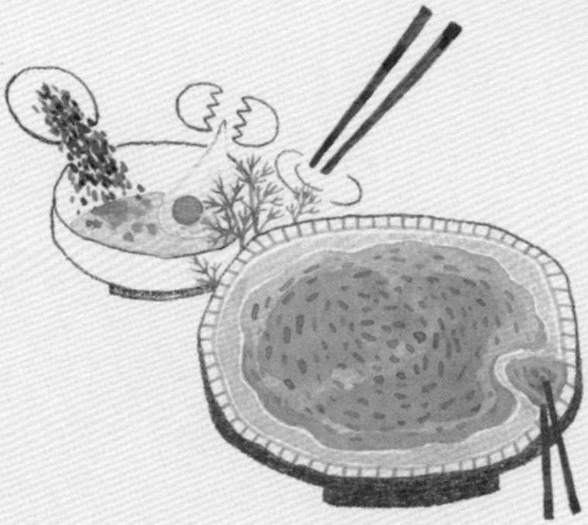

[芫 荽] 茴香醬・烤餅
茴香醬搭配著印度烤餅，
好台灣，好印度。

喜歡冬天，討厭夏天

台灣媽媽的香料

茴香、米酒香
是台灣冬天會出現的香氣

煮湯起鍋的時候，
最後會淋上一點米酒，爲家人驅寒。

挑選時，記得要買到整株新鮮青綠色，
葉子若是黃色的，就代表已老化了！

菜【法式甜湯圓Bonjour！】

諺語，冬至圓仔吃落去就加一歲

冬至一定要吃湯圓，
每個人都是這樣長大的，
但是，加入一點黑胡椒、香草夾、肉桂，
用透明玻璃杯裝著，
一顆顆的圓仔，台得好時尚。

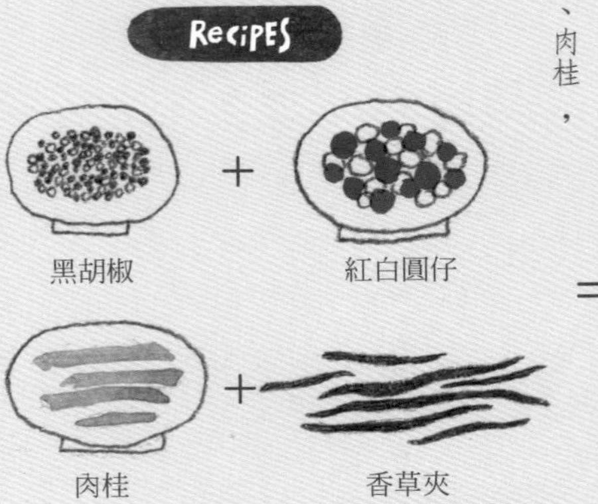

【巧克力蛋糕】

前天晚上自己做的巧克力蛋糕，
一上場就讓大家直呼「太幸福了！」

〔節氣 餐桌〕冬至

這天不管再忙，
湯圓‧團圓，
我們都應該回家。

小寒

〔今天〕

小寒臘八 雜灰雜紫

糯米 紅豆 棗子 栗子 花生 白果 蓮子 百合

湊成一團 七手八腳 迫不及待

要祝你 永遠健康快樂

〔交節日〕國曆1/5-7

農曆十二月古稱「臘月」
十二月初八適逢吃臘八粥的習俗
一家人協力熬成甜粥
用甜心敬佛祭祖
然後互相餽贈
祈求彼此下一年都平安與和樂

[菠菜]

產季：冬季就是盛產的季節

產地：全省皆有種植

[青龍辣椒]

產季：11月到次年2月

產地：宜蘭，彰化，嘉義，高雄，屏東，花蓮，台東

[紅豆]

產季：1月（紅豆產季很短）

產地：屏東萬丹

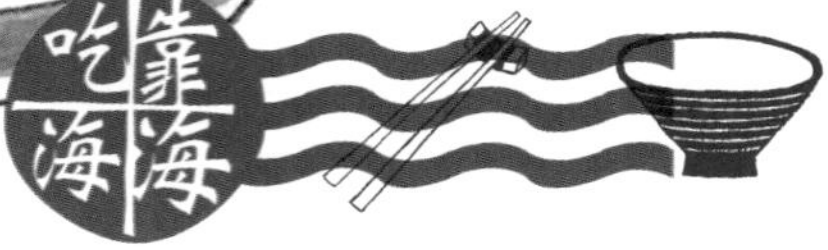

菜市場

{菠菜}

走進向上市場，總是會對獨自拿菜來賣的婆婆特別關注；一把自家種的菠菜，一早的青嫩；我們順勢買回了家。

哪裡買　台中 / 向上市場

{青龍辣椒}

說到恆春蔬菜三寶：洋蔥、山藥與青龍辣椒。到了青龍辣椒的季節就一定要吃一下，因有豐富維他命及葉綠素，吃起來不辣而甜脆。這次挑選的農民家住車城鄉四重溪，原是討海人，出海10多年而轉行務農。45天便種成令人垂涎的新鮮。

哪裡買　屏東車城 / 農民潘逍遙

{萬丹紅豆}

屏東萬丹鄉的福來伯遵循古法種植紅豆，完全不用農藥，全台灣可能僅僅有他如此堅持本土紅豆。在赤炎炎的太陽底下，高齡的他等待著紅豆熟成乾燥，從頭到尾有一貫的堅持。

哪裡買　屏東萬丹 / 沈福來阿伯

[台灣鯛魚]

吳郭魚品種改良優化的結晶，成了台灣的代表水產。不只是生鮮活體，更加工處理成冷凍包裝魚片、下巴，魚皮供提煉膠原蛋白，讓台灣鯛可以走出台灣。

（選購要領）活體為佳，或冷凍真空鯛魚片。

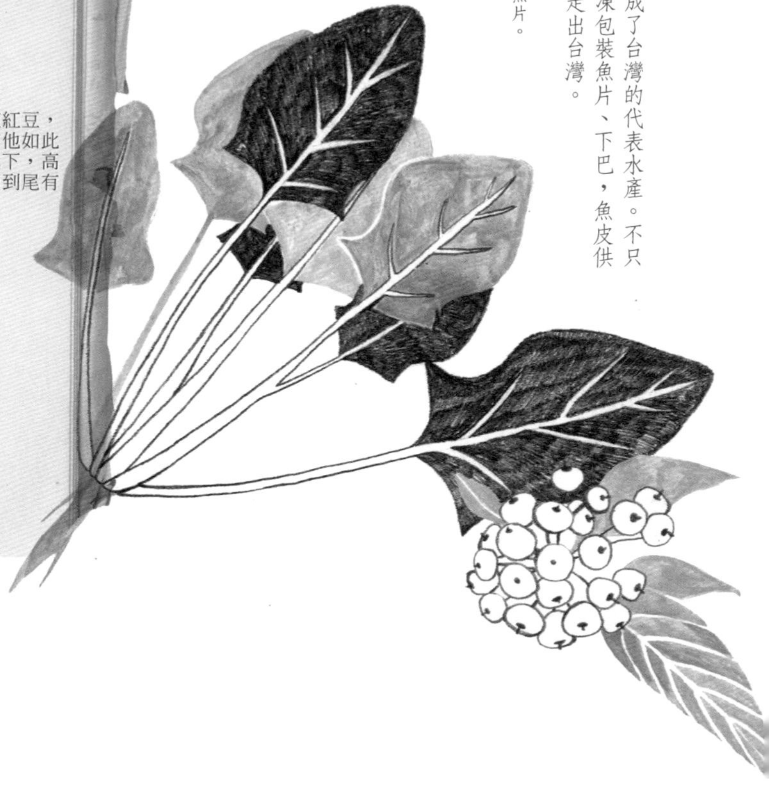

〔三菜一湯 過日子〕

餐桌一定要美美的
一整桌的金黃油菜花，溫暖又閃耀，
每吃一口菜，一顆心也跟著飛去了島東。

想一下喔！

小寒一到，冬貨眞價實出場了。青龍辣椒這時候也是多汁的，它將成爲可口的菜。菠菜青青脆脆，綠得發光，鯛魚因爲過冬，這時候最肥美。越冷，人們就要越團聚在一起，一起七手八腳的挑豆子，看五顏六色的米類，倒入鍋中，然後嘻嘻哈哈、和一和等粥熟，因此，厚工的臘八粥，反而成爲一年中最美麗的記憶。

那先來準備一下

白米、糙米、小米、黑糯米、白糯米—和一起1杯量
紅豆、綠豆、花豆、米豆、蕎麥、薏仁、芋頭—和一起1杯量
紅棗—約4顆
枸杞—約20顆
香菇—約6朵
龍眼乾果肉—與香菇等量
豆干—約2~3片（白豆乾最好，因爲沒有加工最純粹健康）
菜脯丁—1小撮
毛豆仁—約10顆，燙過後剝皮最後起鍋點綴用的
芹菜—約1小根
紅蘿蔔—約1／3支
老薑—約大拇指量

愛有味道

鹽—適量
白胡椒—適量

【有沒有冰雪聰明】

[菜脯丁吃脆脆] 菜脯丁洗完要將水瀝乾，吃起來才會有脆脆的口感。

[炒香菇吃香香] 要用來炒的香菇，洗乾淨放乾，香菇就會自己吸飽水，然後，會越炒越香喔！

小寒

飲水要思源 [臘八粥的故事]

農曆十二月爲臘月，十二月八日爲臘八，這一天是釋迦牟尼得道成佛的日子，佛教傳入中國後，臘月八日吃臘八粥的習俗也漸傳開來。

【敦親睦鄰 臘八粥】

煮臘八粥一定要煮多，既可以敦親睦鄰又可以感受濃濃人情。

白米、糙米、小米、黑糯米、白糯米，
紅豆、綠豆、花豆、米豆、蕎麥、薏仁、芋頭，
五顏六色的好香，七手八腳的熱鬧，長長久久，十分健康。

1. 將去籽的紅棗、香菇、龍眼乾果肉、豆干、菜脯丁、紅蘿蔔、老薑，都切成細細碎碎的，讓口感一致，大家統統都變得小小的。
- 用冷油將香菇慢慢炒香。
2. 炒豆干丁、芋頭丁炒到恰恰。
3. 炒菜脯丁，炒到恰恰才會QQ，加入薑末及一點油，然後將前項倒入一起happy together拌炒。
- 最後加入醬油膏，有油量就有溼度和亮度。
4. 準備煮熱水，這次用炭火煮水，所以臘八粥吃來會有炭香。
5. 白米、糙米、小米、黑糯米、白糯米，和一起1杯量，泡2小時。
- 紅豆、綠豆、花豆、米豆、蕎麥、薏仁、芋頭，和一起1杯量，泡6小時。
- 所以最好前一天晚上就弄好，隔天就可以煮囉！
- 用大鍋放1/3水煮滾，先放豆類，豆熟時再放穀類，要不斷地攪拌直到出津稠稠。
6. 最後加入龍眼肉及紅棗，煮至爛。
- 盛裝後，加些芹菜珠、枸杞少許、白胡椒少許，就可以端出去嚇人了。

菜【普派菠菠】

將蒜頭壓成泥，入鍋炒香，再加入青堤子、松子，
菠菜梗先下鍋，再下菠菜葉，記得用大火炒，菠菜才會綠綠亮亮很好看。
用簡單的盤子盛裝，就是一幅菠菜風景畫啦！

【有沒有冰雪聰明】

把菜變高級啦！

炒好的菠菜要盛盤時，把它堆得高高的，像小山丘一樣，
越高越貴，這可是高級西餐廳的出菜小心機。

讓鯛魚活跳跳的茵陳蒿

茵陳蒿有著茴香般的甘味甜香，又有胡椒般的刺激辛辣，讓鯛魚鮮味倍增。春天由陳年老莖長出新芽，是很有學問的香料喔！

菜

【鯛魚甘酸甜】

將處理好的整片鯛魚切4片，抹一點鹽，備用。
鯛魚醬汁：用小鍋熬，將柳橙及洋蔥切絲，再加入茵陳蒿。
陸續加入現擠的柳橙汁及柳橙果肉、黑胡椒一起熬，
將處理的好的鯛魚片入鍋煎至兩面恰恰，
再淋上完美的鯛魚御用醬汁，鮮甜、酸甜、甘甜，即是美味啊！

【有沒有冰雪聰明】

要煎鯛魚的時候，鍋要乾、魚也要乾，這樣下鍋的時候煮食者的手和臉才都會平平安安，愛美的媽媽們一定要注意。

【高級疊疊樂】 菠菜鯛魚佐青龍辣椒

一鋪菠菜、二放鯛魚、三淋魚醬汁、四擺青龍、
五綴豆鼓、六加柳橙絲、七點茵陳蒿，高級的賣相完成！

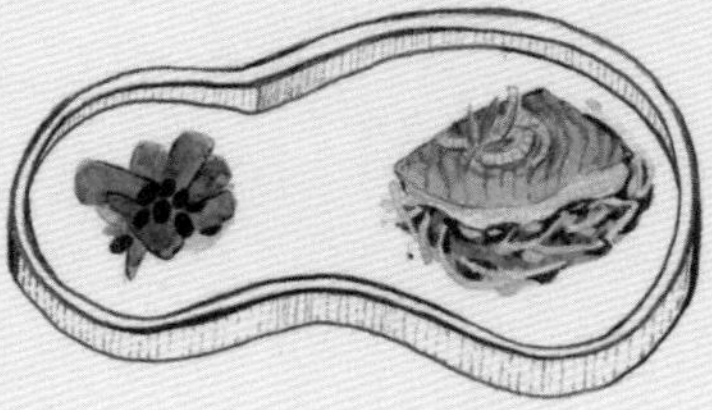

菜

【青龍豆陣】

將青龍辣椒洗好備用。先下蒜頭炒香，再加濕豆豉，香氣出來了吧，再下青龍辣椒及辣椒絲，拌一拌即可，好簡單。

好吃的青龍辣椒它的籽會很多汁，入口會ㄅㄨ ㄗ ㄅㄨ ㄗ喔！

怎麼買「尚青」的青龍辣椒？

看蒂頭，又長又嫩最好。
看皮膚，跟看女人的皮膚一樣，要挑十歲小女孩的皮膚就對啦。

NG的青龍：蒂頭又短又老。

〔節氣 餐桌〕小寒

喜歡剛開始冷的時候，小寒的一點點冷，
讓人喜歡窩在沙發上，蜷曲著，
或睡或讀或吃都舒服。

大寒

〔今天〕

大寒冷 高粱辣金
愛 在起頭燦爛
在終了堅毅

〔交節日〕國曆1/19-21

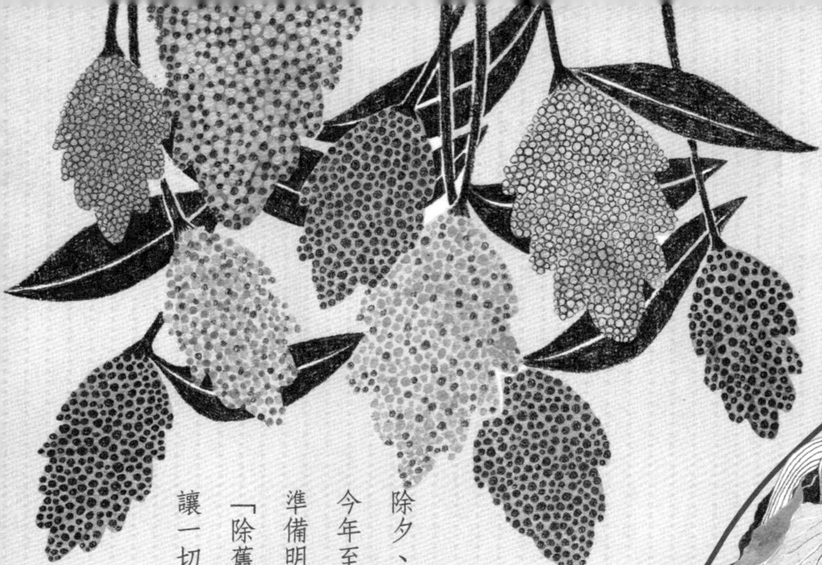

除夕、過年
今年至此將除
準備明旦迎接新歲
「除舊迎新」在大寒
讓一切的更迭從此開始

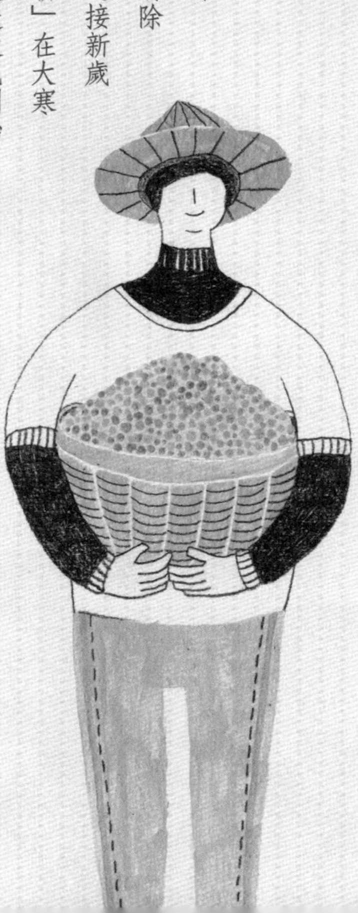

靠山吃山

〔綠花椰〕
產季：11月至次年3月
產地：彰化，雲林，嘉義

〔玉米〕
產季：9月至次年3月
產地：雲林，嘉義，台南

〔大芥菜心〕
又名刈菜
產季：南部6月到次年3月，中部7月到次年4月
產地：新竹，苗栗，彰化，雲林，嘉義

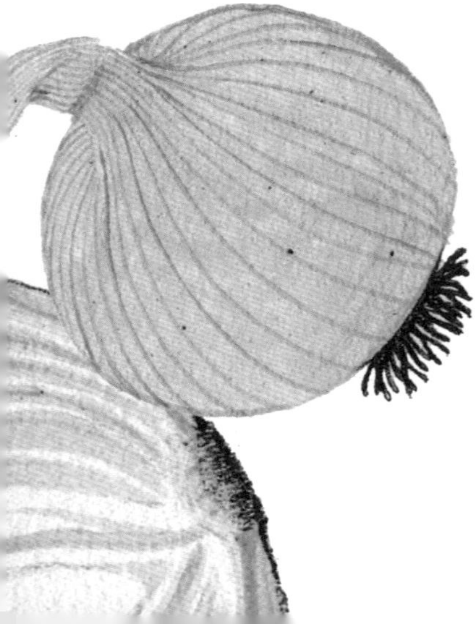

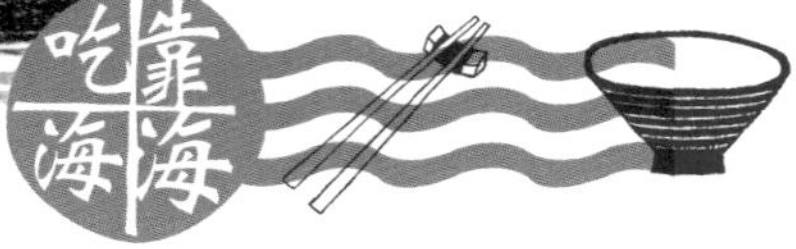

菜市場

{綠花椰}

聽說，寬玉農場園區裡的蔬菜都是自己育苗的，好像是一手拉拔大的孩子。我們吃到了無微不至照護下的青花菜。

哪裡買 彰化社頭 / 寬玉生態有機農場

{玉米}

朴子市雜糧產銷班第十四班栽植的甜玉米，通過有機農產品安全檢驗，成爲全國第一個獲產銷履歷認證的甜玉米產銷班，證明玉米不靠農藥，也可以生長良好。

哪裡買 嘉義朴子 / 朴子市農會

{大芥菜/包心芥菜}

全家人一起經營的農園，主人家選擇有機耕作及有機驗證，也將自己種的產品拿到市集去販售，他不怕天不怕地不怕人，只怕菜長得不夠好。

哪裡買 嘉義新港 / 永興自然生態有機農園

[紅魽]

動輒數十台斤的紅魽，滿足了釣客的拼搏豪氣與漁人的荷包，肉質鮮甜富有彈性，煎煮兩宜，也是台客時興最愛的生魚片。我們想用紅魽來做除夕團圓飯桌上的那條年年有餘。

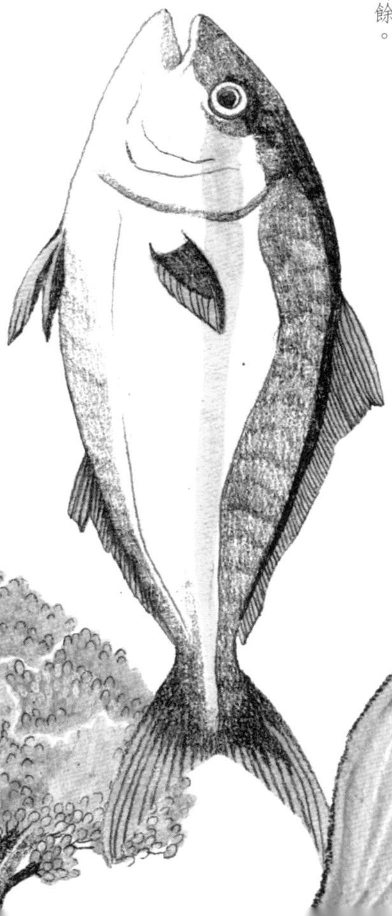

〔三菜一湯 過日子〕

餐桌一定要美美的
將火紅太陽花與紅玫瑰放進純白的花器，
好似白光下的豔陽，忽然整個寒冷都不見了！

想一下喔！

大寒，是深冬的日子，
要過年囉，一桌子的菜是必須。
來盤朵朵黃花，咖哩和綠花椰菜最下飯，
再配上過年必買的刈菜，涼拌芥菜心；
一尾冬天的烤紅鮋，象徵「有餘」，
最後端上孩子最愛的雞絲玉米湯，
你我他，和和氣氣，
大寒，一點都不冷。

【有沒有冰雪聰明】

感人雞絲篇：過年的全雞拿來做雞絲

過年的菜最多，一整隻雞是一定要的，但吃不完怎麼辦？就拿來剝雞絲，叫全家人一起剝，既可以聯繫感情也健康環保。一絲一絲真要細細如絲才好吃，看見每個人賢慧的背影，專注的神情，什麼叫做絲絲皆辛苦，現在可以體會了。

綠花、白花都要挑漂亮！

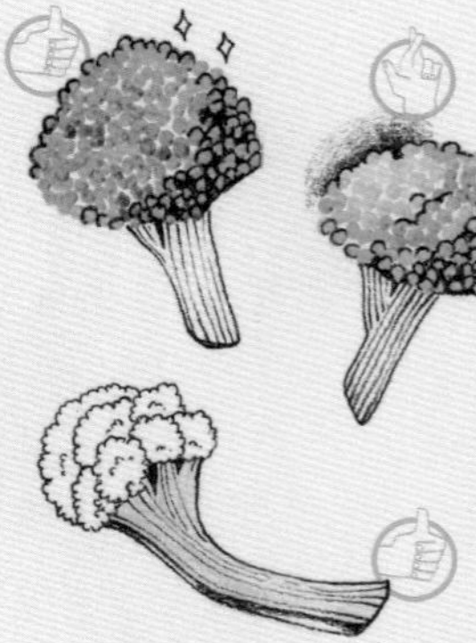

青花菜
要挑色澤鮮綠，泛黃的就不新鮮啦！

白色花椰菜
要挑選花梗淡青色、纖細、莖都不空心的花椰菜最佳。

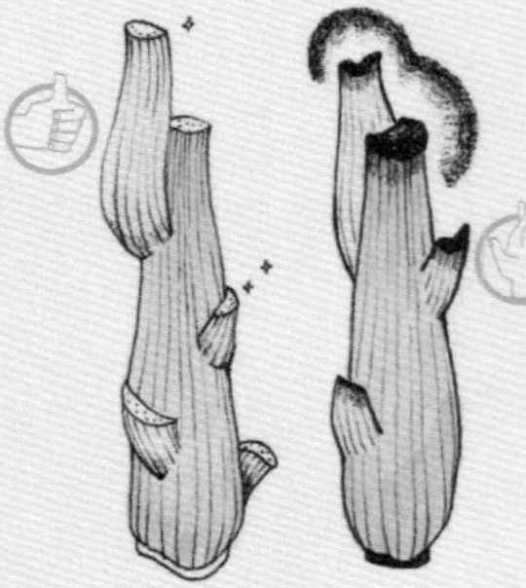

[芥菜吃心最嫩]

芥菜也有些不同，用來醃福菜、梅干菜，或過年時節用來鮮煮的是大葉芥菜，另還有大心芥菜則是莖用芥菜，不食其葉，只吃它特別粗大的莖，將皮削去後就是所謂的菜心。菜心入湯，沒想到苦苦的芥菜心也能甘甜美味。

湯【吟絲作對】雞絲玉米湯

親手剝下的雞絲，和新鮮的玉米湯極為搭調，
那似芙蓉的蛋黃雪花，在口中翻滾；那馬鈴薯自然的稠，
成了我的愁，因為果真要下工夫才吃得到。

1. 取一些馬鈴薯將其切塊，和雞胸肉一起燙熟，雞胸肉燙完馬上過冰水。
   - 燙過的雞胸肉湯，與馬鈴薯繼續煮滾。
2. 此時重頭戲雞胸肉開始剝絲，越細口感越好也越發感人。
3. 將剩下的馬鈴薯切丁，用小刀將3根玉米的玉米粒取出。
4. 將馬鈴薯丁及玉米粒放入果汁機中，加一點水，榨出濃稠度。
5. 再倒進備用的雞湯中煮滾，滾後加雞絲及鹽，最後淋上1顆蛋花。
6. 邊淋邊攪拌，蛋花就會像芙蓉般落入玉米湯中了。
7. 吃的時候灑上胡椒及些許荷蘭芹，孩子一定呼嚕呼嚕喝光光。

那先來準備一下

雞胸肉—1塊
馬鈴薯—1塊
玉米—3根
蛋—1顆

愛有味道

鹽—適量
黑胡椒—適量
荷蘭芹—適量

完成！

RecipES

【黃花開】咖哩花椰菜

將花椰菜處理成一朵可就口的小花樣。
洋蔥炒香加入印度咖哩粉，
拌一拌，咖哩不要炒太久會苦。
最後，放入花椰菜加些水，
蓋上鍋蓋，菜煮軟了就可起鍋。

【活跳跳】烤紅鮒

取一烤盤以洋蔥圈鋪底，讓紅鮒站在烤盤上。小番茄不切錯落在洋蔥上。
蒜末再灑上去，檸檬片放4片（不要太多因為會苦苦的），
茴香上下各1支，蛤仔先放一半。全部放好後送進烤箱烤約20～30分鐘，
看到蛤仔打開後，取出烤好的蛤仔，再補進新的蛤仔，待新的一批蛤仔好了就完成了。
盛盤時將黑的茴香取出，放上新鮮的茴香或是茴香末，整道烤紅鮒就完成。
果然是一條活生生的紅鮒直立立地出現在眼前！

中東版咖哩花椰菜

煮好的咖哩花椰菜只要加上「葡萄乾」，這道菜瞬間就升級成為中東料理啦，聽說希臘的朋友都這麼吃。

菜【彩色心】涼拌芥菜心

芥菜心取一片片，滾刀切適口後汆燙滾水，水中記得放鹽或放醋。再加一點油，煮好後撈起晾乾。用苦茶油將薑和辣椒以低溫炒香，加入晾乾的芥菜心拌炒，一有薑香就熄火，等油涼了再拌一拌，最後起鍋前加入少許鹽即可。盛盤時以堆疊的方式隨意搭起，讓辣椒的紅、薑的淺黃、芥菜心的綠穿插其間，清涼爽口又極富視覺魅力的涼拌芥菜心就完成了。光看就好好吃了！

想吃脆脆的芥菜心嗎？
將燙過的芥菜心撈起並過冰水，如此吃來就會是脆脆的口感。

【燙青菜小秘訣】

加醋，有甜度，
加鹽，有鹹度，
加油，有亮度，會讓你的菜比人家厲害很多很多喔！

PS 醋和鹽請擇一放

〔節氣 餐桌〕大寒
幸福，是一大家子，聚在一起。
擠一些，不打緊，聊什麼，無所謂，
過年嘛！

國家圖書館出版品預行編目(CIP)資料

你好土我好菜：三菜一湯,跟著節氣過日子
/ 種籽設計　著

--二版 -- 臺北市：
創意市集出版：城邦文化事業股份有限公司發行,
2023.05　面；公分
ISBN 978-626-7149-82-9（平裝）
1.CST: 食譜
427.18　　　　　112004279

你好土，我好菜

三菜一湯［跟著節氣過日子］

2AB871

作者　種籽設計
美術設計　種籽設計
責任編輯　溫淑閔
主編　溫淑閔
行銷企劃　辛政遠、楊惠潔
總編輯　姚蜀芸
副社長　黃錫鉉
總經理　吳濱伶
發行人　何飛鵬
出版　創意市集
發行　城邦文化事業股份有限公司
歡迎光臨城邦讀書花園
網址　www.cite.com.tw
香港發行所　城邦（香港）出版集團有限公司
香港灣仔駱克道193號東超商業中心1樓
電話　(852)25086231
傳真　(852)25789337
E-mai　hkcite@biznetvigator.com
馬新發行所　城邦（馬新）出版集團
Cite (M) Sdn Bhd
41, Jalan Radin Anum, Bandar Baru Sri Petaling,
57000 Kuala Lumpur, Malaysia.
電話　(603)90563833
傳真　(603)90576622
E-mai　services@cite.my
印刷　凱林彩印股份有限公司
2023年5月　二版一刷
Printed in Taiwan
定價　420元